U0250714

柳田国男文集

YANAGITA
KUNIO

# 食物与心脏

〔日〕柳田国男 著

王京 译

北京师范大学出版集团
BEIJING NORMAL UNIVERSITY PUBLISHING GROUP
北京师范大学出版社

# 体
# 例

1. 本丛书中，原文民俗词汇以日文假名书写时全部以日语罗马字表示。

2. 为尽量接近日语原来的发音，用日语罗马字表示时采用"黑本式"注音方式，与键盘输入时使用的"训令式"相比，以下假名较为特殊：しshi、ちchi、つtsu、ふfu、じji、しゃsha、しゅshu、しょsho、ちゃcha、ちゅchu、ちょcho、じゃja、じゅju、じょjo。

3. 拨音んn、促音为子音双写（如にっきnikki），长音不加u（如とうきょうtokyo）。

4. 作助词时はwa、へe、をwo。

5. 原文中的旧假名写法，改为新假名写法后注音：如なほらひnaorai。

6. 单词中分节较为明确时，适当采取空格的形式分段，避免日语罗马字表音过长：如"yaki meshi（烧饭）"。

7. 本丛书中，原文民俗词汇使用汉字时全部以简体字表示。

8. 本丛书中，原文中有特殊意义的词语、民俗词汇、引用内容，均以引号标注。

9. 本丛书中，所有的注释均为译者注，在注释时不再另外标明。另为柳田国男原注的，在注解中用"【原注】"标明。

10. 本丛书中出现的日本历史时代及分期（如江户、中世等）与公历纪年的对应关系，请参照书后的附录一。

11. 本丛书中出现的日本古国名及其略称（如萨摩、信州等）与现代都道府县的对应关系，请参照书后的附录二。

王　京

中
文
版
序

　　柳田国男在日本可谓家喻户晓，不仅作为历史人物被记录，出现于历史书上，而且也是鲜活的存在，向我们提示着思考现代社会的视点、框架与方法。他关注日本社会与文化的历史，开拓了民俗学这门崭新的学问，在长达半个世纪的学术活动中，留下了数目浩繁的论著。这些研究将从未被思考、也从未被知晓的普通人生活文化的历史，呈现在我们眼前，人们对日本社会及文化的认识也为之一新。如今，在思考日本的社会与文化时，从柳田的著作中学习已是必不可少的一个步骤。不仅在日本国内如此，对于世界各地的日本研究而言，这也已成为基本的方法。

　　世界各地凡是懂得日语、可以阅读日语书籍的日本研究者，毫无疑问，都是柳田国男著作的读者。而无法阅读日语的人们，则缺少接触和了解柳田国男的机会。柳田的文章文体甚为独特，被翻译成他国语言的难度很大，所以，尝试翻译者众多，但实际出版者寥寥。包括英语在内，译为各国语言公开发行的柳田著作，数量并不多，且翻译对象又往往限定于极少几本著作；中文世界的情况也同样如此。至今，除了日语以外，尚没有以其他语言刊行，并能够帮助理解柳田学问整体面貌的著作集问世。本次出版的《柳田国男文集》（以下简称《文集》）在此方面是一次有益的尝试，可谓意义深远。

1875年，柳田国男出生于西日本中心城市大坂（今大阪）以西约70千米的农村地区。旧时的交通要道由此通过，略有一些"町场"（城镇）的气氛。柳田的父亲并非农民，而是居住于农村的知识分子，靠着在私塾教授汉学为生。家中贫苦，生活也不稳定。柳田国男排行第六，有好几个哥哥，大都勤奋读书，之后赴东京继续求学。大哥成为医生后没有回乡，而是在东京西北40多千米的农村地区开业行医。柳田小学毕业之后就来到大哥身边，受其照顾。柳田从小生长的故乡，与后来移居的土地，虽然都是农村，但无论景观还是人们的生活，都迥然不同。这一体验，对他日后的学问形成产生了巨大的影响。

随后柳田来到东京，进入社会精英的摇篮——东京帝国大学，在相当于今天法学部的地方学习，专业是农政学。1900年，柳田和当时东京帝国大学的大多数毕业生一样，成为了明治政府的一名官员，最初供职于农商务省农务局。1908 年，柳田因公前往九州地区，进行了为期 2 个月的巡视。在此期间他探访了深山之中的地区，接触到还在进行刀耕火种和狩猎的村落，感到惊讶，也深为感动。当时日本农业政策的主要对象是在平原地区种植稻米的农民，柳田得知在此之外，还有立足于不同的生产劳动，有着不同文化背景的人们时，产生了浓厚的兴趣。这是他迈向民俗学的第一步。之后，柳田白天作为官员任职于政府部门，晚上及休假时间则用以研究深山之中的"山人"的生活文化，发表了一系列文章。1919 年，柳田辞去了官职。

1929 年 10 月开始的世界经济危机首先在美国爆发，不久就挟着巨大的破坏力席卷了日本。城市里工厂工人大量失业，纷纷回到家乡农村。而承受着沉重经济打击的农村，还要接收这些归乡者，状况更为悲惨。面对农村的惨状，柳田以回答"农民因何而贫"作为最重要的课题，开始了新的研究，确立了之后被称为"经世济民之学"的民俗学。其研究对象不再是居于深山的人们，而是生活在日本列岛的占人口大多数的农民。他将作为民俗承担者的、以稻米种植为生活基础的农民，称为"常民"。为了调查常民的生活文化，弄清常民的历史，柳田对包括家庭与生产劳动、衣食住行、婚丧嫁娶、节日与信仰等在内的常民生活的各个方面展开了研究，并探索和树立了与之相应的研究方法。

1945 年，日本战败，开始建设新社会。柳田认识到第二次世界大战后日本人自我认识的重要性，大力推动这方面的研究。柳田提出了"海上之路"这一假说，主张日本人的祖先是从冲绳出发，乘着"黑潮"（日本暖流）沿岛北上，最后扩散到日本列岛各处的。柳田逝于 1962 年 8 月 8 日。半个世纪在民俗学领域的长期开拓，以及从历史维度理解日本社会及文化的不懈努力，凝结成其身后的庞大著述。伴随着上述使命感的变化，其民俗学著作的涉及面也甚广。本《文集》是从柳田国男卷轶浩繁的著述中精选了有助理解日本社会及文化的不可或缺的篇目而成。相信读者若能将本《文集》置于左右，必要时阅读或参照，一定能对柳田有深入的理解。

在阅读柳田时需要注意以下几个问题。

柳田民俗学，是收集与比较日本各地现行或尚有传承的民俗现象，通过其相互差异来阐明历史变迁过程的比较研究。比较研究虽然是所有学问均会采用的方法，但柳田的比较研究，在将变迁过程作为其结果这一点上较为特殊。柳田将这种具有限定性的比较研究法称为"重出立证法"。比较的标准是地区差异，其假说是离中央较近处的民俗较新，距离中央越远处的民俗较古老，即新文化产生于中央，并向四面八方扩散，因为到离中央较远处需要花费较长时间，抵达较迟，所以古老的状态被保留在了远方，这便是"周圈论"。在柳田的著作中，常常会列举大量日本列岛各地的类似事例，甚至令人颇感倦烦。但这些各地事例之间的相同及不同之处，正是他导出答案的线索，也是其研究不可或缺的步骤。

在提示各地的民俗之时，柳田十分重视指示这一现象或事物的词语。日语虽然是与中文完全不同的语言，但一直以来，有着使用学自中国的汉字来表记现象或事物的传统。一般而言，人们也习惯从汉字入手来理解词语的含义。但柳田重视的并非汉字。他认为，通过外来的汉字及其意思是无法理解日本普通民众生活背后的文化的，因此非常重视这些词语的日语发音。他将各地表现民俗现象及事物的日语称为"民俗词汇"，以记录和比较日本各地的民俗词汇为基本方法。以语言为切入点进行比较研究是柳田民俗学的一大特色。但正因为他运用了这种方法，从而使得将柳田的著作被介绍到世界的工作变得十分困难。本次中文版《文集》的出版，翻译工作中最大的难关正在于此。担任翻译任务的译者们想方设法地使日本的民俗词汇在中文语境中能够得以体现。读者阅读时或许觉得文章记述颇有繁冗之处，其原因也在于此。

中文版《柳田国男文集》得以刊行的首要意义在于可以通过这些著作增进读者对日本社会及文化的理解；能够凭借遍布日本列岛的

日常生活文化的种种内容，帮助读者理解日本人的生活文化。作为知识分子的思想家或文学家笔下的日本，往往容易偏于表面，而柳田民俗学则试图从内部把握日本人的生活，是一种内在理解。这种理解并不停留于表面，而是潜入日本人的内心，关注他们的意识、观念，以及作为其外在表现的行为、态度，并将这些与作为其结果的秩序与制度综合起来，从而诠释日本社会、日本文化的内涵。读者通过阅读柳田的著作，一定能够了解日本社会及文化的特色，同时也注意到与中国社会、文化的不同。

第二个意义在于读者可以通过对柳田民俗学方法的理解和批判性讨论，获得重新思考中国同类学问的方法论的契机。民俗学形成于 19 世纪的欧洲，之后传播到世界各地，在各自国家和地区都经历了一条充满个性的发展道路。中国也形成了具有中国特色的民俗学，与同样受到欧洲影响的柳田民俗学可谓大相径庭。在加强各自特色，谋求学问的深化与发展之际，参照或批判性地思考其他国家和地区的民俗学，充分吸收其成果，借以充实自身的学问内容，是不可欠缺的工作。中文版《文集》的出版，为之奠定了基础。可以说，中文版《文集》的出版，使得对柳田民俗学，乃至对日本民俗学理论及方法论的批判性讨论，成为可能。本《文集》必将对中国民俗学的进一步发展做出重要贡献。

最后，请允许我作为日本的一名民俗学者，衷心地感谢勇敢挑战这一困难重重的翻译工作，并出色完成任务的译者们；同时，向积极策划、出版本《文集》的北京师范大学出版社致以崇高的敬意。真切希望本《文集》能够拥有广大受众，得到大家的喜爱！

福田亚细男

2018 年 2 月

# 目录

# 序

　　从我提出假说，认为"饼（mochi）"①的形状原本是模仿了人的
心脏开始，迄今恰好是十年，编撰本书是为了纪念。而所谓纪念，
并非是因为这一假说已经成为不可动摇的结论，只是为了记录我在
解说这一问题上虽然步履缓慢但从未懈怠的过程。除了关于"间食"
的意义有伴蒿蹊②的议论在先，我一直以来都在试图思考别人从未
论及的问题。

　　开篇的文章，也许今天看来煞有介事，但十年以前，还需要那
样的议论。虽然当时我们倡导的"乡土研究"以及"一国民俗学"的

---

　　①　相当于中国的糍粑，糯米蒸熟捣烂后的食物。因为与发音及特定称呼等有
关，所以译文中基本保留日语中"饼"的汉字表记。
　　②　伴蒿蹊（1733—1806），日本江户时代后期的诗人、文笔家。著有随笔集
《闲田耕笔》《闲田次笔》等。

目的与方法，如今已大略为世人所知，但我仍想保留此篇以资纪念。不胜其烦的读者，从第六节开始阅读亦无大碍。我所谓的主张，不过是希望能让大家认识到在日常生活之中，即便平凡如食物也隐藏着无数的问题罢了。

自从文章发表以来，在诸多热心同人的帮助之下，这方面许多细微的事实都已经变得明了。我们正计划将之分类整理，出版《饮食习俗语汇》①一书。即使只是为了该书的顺利出版，我也衷心祈愿天下能够早归太平。

柳田国男

昭和十五年二月

---

① 后改名为《分类食物习俗语汇》，直到 1974 年才得以出版。

# 食物与心脏

一

　　回顾昭和六年，我们所做的学问是能够给我们留下爽快的印象的。最为难得的是，大家不满足于现今的略显随意及断片式的采集，而开始尝试系统的观察与记录，这样的计划不约而同地出现在全国各地。"一国民俗学"这一称呼，我曾几欲倡导又几度踌躇。但今天，终于可以放心祈愿此名下的新学问能在日本兴盛发达，而不必顾虑大胆僭越之名了。作为先驱者，我们有责任先廓清学问的范围与目的。

　　"乡土研究"一词，就其字面意义而言，不得不包含一些并非民俗学对象的内容。尽管我们使用这一名称时的初衷与今日并无二致，但在如今的日本，人们对"研究"一词的感觉往往偏于宽泛，所以即使武断地将乡土研究理解成是关于乡土的一切知识，我们也难以指责这是谬误。正因如此，我们有必要设法妥当地加以限定。我们所说的"乡土研究"，首先须以"新的疑问"为必要条件。说得直白一点，就是以对旧有解释的不信任为起点。就对村落及农民的解说而言，日本绝非一个匮乏的国家。外部之人也许不少是颇为冷淡、漠不关心的，但在乡土之中，从来都不缺少长于阅历也愿诲人不倦的人。若我们也是一样，恐怕所谓的新，也只体现在"招牌"上了。不仅如此，随着世易时移，前人愿教的与后人欲知的，其间的距离越来越大。缺乏准备的回答自然会充满臆测，于是刺激着人们的求知欲与自然的推理。这便是我们倡导新的乡土研究的背景。

我们的第二个必要条件，是"新的方法"。也许我们使用老方法也能慢慢弄清，但如果能使用全然不同的方法与资料另外求得证明，当然更为心安。如果运用新老方法研究的结果不一致，则必是一方有误，那么我们可以进一步深入思考，将错误也作为人类社会的一种现象来考察。这便是我们的初衷。新方法最为显著的特色是比较。在迄今的史学中，因为每个事实都有着个别的意义，包含着相应的教训，所以不但在解释时要花费无穷的努力，而且在选择时也需仔细斟酌与思虑。值得流传的必是重大事件，其他平凡卑微的日常事件则被特意从研究对象中排除，新时代的疑问就主要从这一方面涌现出来。如今让我们念念不忘的，正是那些被排除在前代日本人有意识的传承之外的事情。当然，这些生活事实都是极为细微的，即使保存下来，也并不具有作为典型的价值。但是一代又一代，在这片国土上，相同的状态重复了成千上万次，从而使得这一事实具有重大意义。同时，就在人们视之为极普通极平凡之时，它们却"潜移默化"，渐渐变得稀罕起来，这里也有着我们不应忘记的重要痕迹。对于太古蒙昧时代的遗物、遗迹，人们已经能够理解积累细小事实的价值。与之相反，对于中世以后的所谓黑暗时代，也许是为史料之丰富而迷惑，还有许多人相信我们的生活可以仅凭文字记录得以解明。近年来，人们渐渐从这一迷信中醒来了。

<br>

## 二

观察人生态度的变化，尤其是近来有计划的开始调查从未受到重视的穷乡僻壤，若不是像我这样长期为文字资料背后的疏漏而失望，但又努力自制、轻易不概括性地加以臆测的人，也许是无法体会到乡土研究的真正价值的。现今对乡土研究的奖励办法，有些像拿糖果哄小孩子。至少从我们的经验来看，乡土研究并不是只要详尽地了解有限的一处乡土，对前代的理解和同情就能油然而生，甚至立即能够为当地的乡土教育增添新的内容。因为，如果这是可能的，从逻辑上说，那些居住着阅历丰富的老人们的村落，或是我们热情的同人长期工作的村庄，就应该是更加幸福的地方。可事实并非如此。以短视的乐观为目的，轻易接受劝说的人，早晚会失望。若是尚未失望，那也必是努力自欺的结果。无论何时，知识的增加都必然会引发未曾预料的困惑。如果发现并未带来任何意外的矛盾以动摇此前人生观的根基，那么它就不是严格意义上的发现，也并不值得我们致力追求。最近的新"万事通"们，似乎缺乏陷入此种烦闷的心理准备。他们应该到达的彼岸，绝非是可以当日往返的短途，在其过程之中需要诸多"比较"，以及至少与国内远隔者之间进行知识交换。之前提倡乡土研究为当务之急的人们，未能明确提出这一不可或缺的重要条件。幸运的是，因为他们的呼声一时之间传遍了国土的各个角落，所以颇为偶然的，各个乡土之间能够较为容易地相互配合，完成调查目的。在这一意义上，我们认为文教的统一值得讴歌，而对此不加以利用的孤立的乡土研究实在是令人遗憾的。

从公平的立场来看，某一乡土的有限的疑问，大都是很小的问题。有的只是乡人自己还没解决但在其他地方早已解决，也有的只需翻阅书本就能迎刃而解，还有的早晚能够在同伴间得到解答，时机尚未成熟之前可以暂时放在一边。若只是为了这些问题，完全不必煞有介事地发起乡土研究。但其中的大问题，不少不仅是在一国之内，而且是全世界的人们经过千百年后，至今仍然百思不得其解的。既然制度是人的思想的产物，那么即使当年主旨是明确的，之后，其中的一部分变得难以理解，需要特别思考为何如此的情况并不在少数。这类问题才会影响千万人的思考，是在现实中限制着日常生活的。并且，某一个人的单独的发明，难以指导没有共同经验的多数人。既然从事乡土研究，就不能怠于互相提示这种共同的疑惑，不能割据于各个边角，满足于碎片化的知识。也许因此前的学风所累，在文化科学方面，对问题的成长特别忌讳，往往还无法解决便急于寻求形式上的解决。这种做法带来的弊病及危害或许还需要些时日才能波及教育，在此之前无法得到社会的承认。殊为可惜的是，这样做不但白白浪费了年轻人的劳动成果，让学问长期无法摆脱随笔漫录的性质，而且使得采集上的资料也偏于看似珍奇其实易解的方面，而那些只有在日本才能得以观察得更为根本也更为重要的资料，则愈发变得隐而不显、难以捕捉。怀有远大志向、希望全国各地一同开始此类工作的人们，一定要留心各地的长处与特色，适当地分工合作，警惕因为所谓的流行而使我们研究的广度受到挤压。

# 三

　　另一方面，站在各地乡土研究者的立场考虑，我觉得也需要有尊重且善用其他土地之上同类事业的心情。我们的民间传承并非是在各地均匀分布的。虽然未受后发文化影响的原型常常保存在偏远的村庄，解释的钥匙也往往能得之于当地，但许多采集者却从不将此放在眼里，只是各自徒劳地重复着从零开始的辛劳，并且常常陷入武断的危险境地。若是问题重大，有时也许不得不用上这种盲人摸象的笨办法，但更多的情况下，这种做法只会使记录更加繁杂，并且使得有些问题无法进入大众的视野。对于这种资料偏倚的一再重复，我们已是无法继续忍耐了。

　　为此，有必要设法尽快制作出囊括全国情况的便捷的索引，并确立分类的目录。个别习俗或是口碑并非如很多人想象的那样，可以单独告知我们过去究竟如何。一般情况下需要将我们所谓的"三部类资料"，即目之所视、耳之所闻、心之所感的种种结合起来，才可能理解人的情意的作用。若是其中某一部分调查有所欠缺，即使其他方面的收集远远大于实际需要的，研究也是无法完成的。我自己常常留心学界动向，若是已有别人积极着手，那么即使是自己有所执着的问题也会狠心收手，而将注意力转移到其他尚无旁人涉足的领域。可是社会上未必承认这种"分工主义"，而是只要有人做出一点成绩，大家马上蜂拥而至，制造出一片繁华景象，但却对与之关联紧密的问题视而不见。要想让今日乡土研究的流行不至于让研究者只落得个一知半解的下场，而是让辛勤的笃志家们真正劳有所值，我们至少须得避免这种模仿跟风的"偏食"，让每个人、每处乡土都能得到妥当的部署。

现在的所谓民俗资料之中，最受欢迎的是口碑，其中特别是对歌谣等的收集，可以说已经足够了。受欢迎，是因为文艺自身已经是一种结论，就算不揭示其背后深藏着的更为根本的疑问，也能够感动读者。但此类收集即使继续增加，除了歌谣的爱好者众多之外，不能说明其他任何问题。其次是俚谚，近年的各郡志都争先恐后予以登载，让人感到颇为充实。但就其内容，大多不过是宣称二十年前藤井博士①《谚语大辞典》中收录的内容也存于本地而已。剩下的那些更具古风的虽如今还会不时显露，但也渐被淡忘了。这是前代日本人社会观的强烈表现，对此我们还有必要反复采集。关于

--------

① 藤井乙男(1868—1946)，国文学者，俳人。《谚语大辞典》编于1910年。

昔话，如今为时已晚，凭着我们的力量已经无法大量收集了。而与之相反，各个村落报告而来的传说，数量极为惊人。传说在进入明治时代以后也有不少改作或是新编，即使不去要求，人们也常常会给我们讲上几则。我认为代表性的传说已经基本齐备，没有必要再多加搜求徒增数量了。希望花费在这方面的精力，将来能转移到新的方面。

哪些方面属于必要，各人有各人的想法，也有擅长或是不擅长之分，但我们希望乡土人在各自的乡土研究中，能做到我们最难做到的工作，能把握我们作为旅行者或是外部的友人而无法确切把握的内容。对于所谓"有形文化"，即可以观察和描绘，或者借助文字记录及保存的东西，热心的采集队可以不远万里而来。但村民的内心活动，女性或是寡默者长年藏在心底并且指导着他们当中的大多数人生活的那些东西，即便不是起居于同一屋檐下的家人，也至少要长期生活于同一氛围之中，才可能知其全貌，进而如实传达。我衷心希望有此志向且有此余力的诸君，能够接受这一工作。

## 四

在我设想的民俗资料分类方案中，我认为第三部类最为重要，将来这门学问必定成为国民之学的强烈理由也在于此。——列举其中的重要项目已属不易，而更为重要的问题是，今日已成为国家政治特色之一的"义理"①或"道理"、被称为"男人气概"或"不输于人"的生活理想、违者必惩的道义准则的基本条目，以及从个人立场而言的幸福或不幸的标准、对之甄选抉择的无须言传的共同技术、认为仅凭这些技术无法抗衡的外在的法则与力量，等等，人们对这些极为重要的事情的看法，到底是亘古不变的，还是时移世易的？若是因时而变，那么是举国一致、齐头并进，还是因地而异、进退不同？对于这些问题，目前甚至连最粗浅的观察还没有。我们绝不能只把希望寄托于未来会出现的好学者，而在等待中虚度了光阴。

如今我们终于大致认识到的是，日本人在近世阅读道德之书，或是被灌输种种新信仰之前，其实早已拥有了相当先进的东西，并且在接受新事物时并非彻底舍弃旧事物，而是只要情况允许就尽力谋求新旧的融合。在西方，基督教的历史开始为世俗之人所审视，民俗研究的兴趣也偏向信仰方面。与之相同，固有宗教"丧失统一的持续"，在日本也刺激着我们同人的求知欲。老实说，我也曾醉

---

① 此处"义理"指并非明文规定的，作为社会规范的责任。

心于此，等不及村民的自省自诉，认为以传世无多的京师的古书为指引，从外部应该也可以了解真实情况。洞察力超群的折口君①的推断，也往往在事后被证明无误。但继续使用这种方法无法令人长久安心，事实上学界也不堪修订之烦。理由极为简单，因为前人的生活是一个完整的整体，并非像今日这样，信仰作信仰、经济作经济、家庭作家庭，被分别放在不同的抽屉里。如果不从根本上进行研究，而是从枝叶入手，那么我们的议论就只能类似于算命或是赌博。宗教固然是国民人生观的出发点，但为了详细探究，正确的顺序还应该是从人们如何感受现世入手。

如果最为关键的当事人，并不以此为问题，对此毫无兴趣，那么我们就算再心焦也束手无策。所幸近来时运一转，无论乡土内外，大家都认识到乡土是应该被研究的对象。正因如此，我们才奋起推动这一运动，希望尽力避免宝贵的力量完全偏倚于那种谁都能做的千篇一律的调查中。一个方法便是诚恳直率地告诉地方上的诸君，他们弃之不顾的日常，或是司空见惯的琐事，其实正是能够解开我们百般思虑仍不得其解的问题的钥匙。我个人并不耻于暴露自

--------

① 折口信夫（1887—1953），民俗学家、国文学者、国语学者、诗人。著有《折口信夫全集》。

己的无知，也自认为算是乐于求教，但受社会风气的影响，内心也感觉若不显得肚里有货，似乎作为社会科学者就混不下去了。所以虽然存着不少问题，但却只能深藏心中，等待有朝一日乡土知识能够碰巧自动出现了或是提出有所欠缺的假设，招致空想较多的年轻人为了功名而相互竞争。今日的民俗学，虽说也是解说民俗的学问，但并未采用当初我们预期的方法，即通过对确切事实的比较而得出自然的推论，如今已经很难见到这样有雅量的人了。难得乡土研究在全国范围内展开，不少人却只是逡巡于无用之处，甚至在内心祈愿新的事实不会影响到自己以前的结论，而社会风气也变得崇信毫无根据的种种臆断，责任在我，是我造成了大家的误解。

五

拟定《食物与心脏》这一标题，并非只是出于寓意，而是希望在辞旧迎新的新年伊始，通过说明平凡的"饼 mochi"的重要性，证明"问题"能如何刺激地方上的采集工作。如今日本国民的气质乃至趣味是继承前代，还是新近的变化？对于这一问题，我从都市的制度开始思考，着眼于教育方法的新的作用，在了解到所谓"旧弊"在各处均有显著不同后，希望弄清其在什么程度上与眼前的文化产生了交叉。而给予我们的资料，只有无意识中被保存下来的农民、渔民的俚谚歌谣以及其他一些断片式的语言使用方法，即使辅以相当的猜测，也无法达至综合之效，甚至对于所谓"环境论者"若无其事就能加以论断的乡土差异，我们也难以把握其端倪。当我们试图只凭目之所见或录于笔端的习俗的外形来寻求固有信仰最为初始的形态之时，也同样深切地感到不安。一般而言，潜移默化中对国民性格影响最大的是原始信仰，而观察原始信仰原型时最为困难的，是把重点放在各村神社的来历与季节祭祀，尤其是决定其特色的仪典与歌舞上，由观察者的朴实印象与迄今流传的表面说明之间的不一致处所发现的能够成为比较对象的内容。即便如此，也难以指望有丰饶的收获。就算我们偶尔说中了事物的起源，能让那些知道历史久远便满心欢喜的人们满足。这也无法成为智慧，无法解释这些是如何留存到今天，以及如何成为对新一代也不可或缺的要素的。就算是并不指望能在自己的有生之年解决问题，在这种状况下也自然会担忧自己的工作最终只是徒劳吧。

历史原本是记述不会再度发生的大事的，因此无论何时都以弄清"从前是如此"为目的，就算是所谓最近的历史方面，也存在观察时用"历史化""属于过去"等表述将其强行从现在的利害关系中剥离的倾向。对历史进行生物学式的处理，将前代作为"现今"

的理由，是现在年轻学者间盛行的历史观，而他们在资料的整理、取舍上，有着惊人的疏忽与怠慢。他们出于疑惑和好奇心首先追问的问题是多数民众的幸福与苦恼，这是非常自然的顺序。但是，却没有一个人思考过这样一个事实：迄今有关此的记录，以及近来发现的新的事实，是很不完整并且极为偏颇的。就好比虽然有了显微镜，但是必需的玻片却连作为其材料的玻璃都还没有。在未曾预见今日生活之实际要求的纪传文字间徒劳找寻的史学家自然是很悲哀的，但如果我们好不容易学得了民间传承的采集处理方法，又恰好生活在这方面材料格外丰饶的国度，却一味与石器、陶器的发掘者角逐，如同断线风筝般沉迷于古代研究，甚至不得不以对贝原氏①《大和事始》的增补修订为能事，那么也绝说不上幸运。在此状态下宣称文化史为实学，或是相信乡土研究能够治疗时世之疾，至少按我们的逻辑是无法首肯的。出自个人兴趣或是想法的研究可任其自由，但同时应当承认存在着民族或时代的共同问题，并以对之的解释为最终目标。如果这一点难以实现，至少也应该了解自己的调查研究在更高层面的学问之中占有怎样

---

① 贝原益轩(1630—1714)，江户时代的本草学者、儒学者。编有《大和事始》6卷，附录1卷，1697年。

的位置，应当在综合研究的意识下承担与自己能力相符的工作。若非如此，不仅无法匡济时世、报效祖国，即使退而希望有助于个别乡土的幸福，恐怕也不容易。对于文部省那种药品疗效书似的倡导词，我是坚决不为其背书的。

# 六

如此不着边际地议论下去，我们悠长的"饼mochi"的故事就无法开始了。趁此春光明媚，不如做点有意思的事情，将我们令人吃惊的幼稚的疑惑展现出来，期待未来的比较和协作所带来的宏大成果吧。日本人长期以来以家为重的习性，以及似乎与之有所关联的以农为本的格言，只要观察一下如今尚存的"产土神""氏神"的信仰，便可以对其一端略有理解。曾几何时，神社无论级别高低、规模大小，都与"祖灵信仰"密不可分。即使其后历经变迁，迎祭了他处的大神，其主神与居民之间以祖灵为中介的例子，也屡见不鲜。一乡的祸福，无不与祖灵相关。而随着中世兴起的"引导"①风俗，

---

① 此处"引导"指僧人通过念经等佛教仪式，引领死者进入极乐世界的葬礼方式。

葬礼的方式发生了变化。现实中，身边的亡魂至少在五十年甚至一百年之间，都在佛教僧人的管理之下。子孙后裔奉仕"幽界"的方法也分为了两类：盆节与正月。这成为完全不同的两种祭祀。而村落的神社，又与这两种都不相同，以第三种所谓感应奇瑞之力来指导人们。这些是仅凭旧有的史学方法也可以被证明的事实。而我们想知道的是，是否真如这样表面的逻辑，无论何处的乡土都均等地接受着三种精灵分别的统治，还是在有些地方，仍然存在若干暗中认同更古老思维的现象？这当然不是少数清醒者或是迷茫者的问题。在极为寻常的普通居民的心中，将他们紧紧地与生育他们的家连在一起的那个作用力，正是我们想了解的对象，也是有益于我们学问的问题。

也许只要稍加注意，就可以在乡人之间获得无数的材料，但我是外人，难以捕捉机会。于是我尝试用另一种办法，确定了最为单纯的目标。这就是考察所谓有形文化中较为稳定不变的、只在仪式之时才制作的食物。关于打糍粑的机会，直至今天日本各地都是有其规矩的。根据时机的不同，其形状、名称也都各有定法，不容有误。在规定时机之外听到打糍粑的杵声，如果没有特别的理由，人们甚至会怀疑自己的耳朵。正月与"饼"的关系，已无须赘述。其他如村落神社的祭典之日，大都要敬献与正月时形状相同的"御镜饼"，还有新建房屋时的"上梁饼"，结婚或是孩子出生时也有不少地方有打糍粑的习惯。因此，也有人认为"饼"是祝贺用的。但比较这些事例，已经难以得出其共同的动机，更何况还有用于凶事的"四十九饼""耳塞饼"等。冲绳是与我们①较早分家的兄弟，情况更为极端，喜事绝不用"饼"，正月也见不到"饼"，只有在十二月八日等祭祀祖先的时候才特别制作一种"鬼饼"。因此，就日本全国而言，"饼"何时制作，又为何而制作，绝非已经无须解答的愚蠢问题。我们甚至有必要将其在各种机会的用途与名称、伴随的各种禁忌与条件，特别是形状与分配方法等，详细制成表格，比较其异同。并且如果可能，以直接的当事人为对象，询问他们各自对其理由的想法。《社会事汇》《百科辞典》等书，将有关京都或江户生活的记录东拼西凑，作为日本全国的风俗而叙述议论，已经颇为可笑，而大多数乡土志的写作者不但转引传抄，甚至觉得自己的乡土传承有误，反过来加以订正，这就更为滑稽。孤立的乡土研究往往轻视本地的资料，这甚至加速了资料的损毁。

_____

① 柳田此处的"我们"，范围为所谓"日本本土"或"日本内地"，即本州、四国、九州。柳田认为冲绳地区的发展与日本本土不同。

# 七

我认为，"饼"这个食物的特殊性之一，在于它能够容易地被做成需要的形状。时至今日，在特别的日子，料理中以羊羹类、鱼糕类、薯或萝卜等做成各种造型的情况依然常见，但这些大都是后来新增的材料。自古以来的食物中，除了"饼"，极少有其他材料能够满足这一需要。只有"饼"，开始时是柔软的，然后逐渐变硬，所以最适合用来塑形。即使看上去只是被做成圆形的"镜饼"，如果没有人的意志也不可能成为这个样子，于是"镜饼"为何是圆形，便也不是个愚蠢的问题了。对此，我还没有确定的答案。我感兴趣的是，"饼"被当作供品时讲究上下叠放，或是尽量要把中间做得略高一些。在城市里，"饼"一般是叠放两层，然后会在上面再摆些橘子之类的，而到了农村，不时还可以见到叠放三层的。也可以说这是"摆饰"，为了悦目，但无论是城市，还是农村，都偏好"饼"中间高出的状态，我认为这种心理一定有其理由。

"饼"的这种圆锥形，与饭团子的三角形，也许应该放在一起思考。饭团子在日本方言里多被称作"yaki meshi（烧饭）""yaku mama

(烧饭)"①，表面被烤过，随时可供食用。也由此得以从家庭的共同饮食中独立出来，这一点也和"饼"颇为相似。饭团子之所以大都被捏成三角形，也许有人认为不过是手的自然动作带来的结果，没有什么特殊的。但作为并非如此的证据，饭团子也有被做成圆筒形的。而被做成圆筒形，并非是为了没筷子的情况下多数人分食时的方便，因为还有"切饭"②"挤出"③等方式，也应该是手的自然动作。退一步说，即使三角形是制作人无意识的结果，那么也应该有着令这种偏好得以发展的原因。三角形的饭团子最为正式的使用形式，是作为信州④等地大年三十晚上的供品，被称为"mitama（御魂）之饭"，一般年份为十二个，或是按家里人口的数字，盛在盘子或"折敷"⑤里，放在"岁棚"⑥的一角或是最低处。也有的地方，在盆节的"魂棚"⑦里摆放类似的饭团子。"mitama"是汉字"御魂"的训读，与如

----

① yaku 是动词，"烤"的意思，汉字写作"烧"，yaki 是其名词形式。meshi 和 mama 汉字都写作"饭"。
② 将煮好的米饭放在较大的模具中压成形后，切成适当大小的方式。
③ 将煮好的米饭放在小模具中压成形后，从模具中挤出的方式。
④ 古国名，请参考附录二。
⑤ 用以盛放食物的木制方盘，边缘较矮。
⑥ 过年期间设在家中神龛前的临时供品架，数层，呈台阶状。
⑦ 盆节期间设在家中佛龛前的临时供品架，数层，呈台阶状，也被称为"盆棚"。

今仅在中元节时称呼的"精灵（shoryo）"①，或是单纯叫作"hotoke sama（佛样）"②，应该是同一个意思。以如此形式供奉食物的理由，如今已经不明了。有人认为这样特别的准备，是为了这一天跟随家中先祖来访"无缘 hotoke（佛）"③的。但为何如此，无论神道还是佛教都没有给出解释。

往东北去，这一"mitama（御魂）之饭"的做法渐有变化。比如有的将生米或是生米粉包在屉叶之中，只有需要食用时才在事后煮熟，也是被包成了三角形。虽然如今已无人能够说明其缘由，但严守这一形状是一个重要条件。"节供"④的食物中，三月的"菱饼"也是如此，五月时这一规则得到更为严格的遵从。南至九州的"aku卷"，北到羽越⑤一带的"屉卷""gatsugi 卷"，以及被称为"菱卷"或"鬼角卷"的，其形状都是三角形，在尖端系上穗子垂下来。冲绳的"鬼饼"是用在十二月八日的，与粽子做法一样，但使用的是月桃或蒲葵的叶子，形状也是三角形。此外东京等地在值得庆祝的日子里

---

① 原文是"精圣"，应是印刷错误。

② 日文"hotoke（佛）"也有"死者"的意思。"sama"汉字写作"样"，一种敬称。

③ 无人供养的灵魂称为"无缘佛"。

④ 也被称为"五节供"，一月七日、三月三日、五月五日、七月七日、九月九日等五个由中国传到日本的节日的总称。后也泛指民间岁时。

⑤ 古国出羽、越后的合称，请参考附录二。

分发的"饼"，被称为"鹤之子"，实际上是一角呈尖形的，并非如同其名做成卵形，也不像是偶然形成的。羽后①地区正月制作与家里人口同样数量的"宇贺饼"，形状有点像葫芦，中间故意做得略微凹入一些，也许是出于相同的理由。我计划趁着这类特殊日子的"饼"的形状还未发生大的变化，将其详细记录下来。但在此之前，如果能允许我说出自己的假想，我认为这些或许都是在形状上模仿人的心脏。既然食物造就了人的身体，那么最为重要的食物将构成人体最为重要的部分，这正是古人的逻辑。也许是为了让这一信念更为安心，于是从一开始就将食物的形状制作得离其目标更为接近。当然，这只是我的猜想，需要仔细地验证，但一直以来我在各种场合都感觉到，上端突起的三角形总是表征着人生中的大事。古人说心脏在我们的左胸部，有其道理，因为一旦有什么，这里最早有所触动。而当人们有某一机会得知其形状略呈圆锥形后，特地将滋养心脏的食物尽量做得接近其形状，也应该是制作者单纯的念想。而今天，虽然生理学已经告诉我们这些都是错误的认识，但饭团子还是被做成三角形，"镜饼"还是做得中间略高，很多地方正月如果缺少这样的食物就没有过年的感觉，

---

① 古国出羽南北一分为二时，对北部的称呼。

这恐怕不仅仅是记忆的残留，其背后更有着一股我们尚未知晓的隐秘的力量吧。

# 八

如果希望我们的这个课题不至于遭人嘲笑，必须承认，仅凭此前我们的热情还是远远不够的。我觉得有必要鼓励大家在正月人心诚谨之际，多凝视一下这些数千年来的已略显陈旧的平凡事物。日本人的个人意识发展到今天，已经经历了无数的艰难困苦。为了那些多年后回首之时只会觉得毫无价值的反抗与斗争，许多人已经是精疲力竭或是遍体鳞伤。而就结果而言，往往只是一小撮有着小聪明的人，企图借此名义开展自己一派的行动而已。我们便是如此重视团结、热爱英雄、安于追随的民族。虽然理论上如此，但承认各人的灵魂具有平等的价值，视其自由的发展为理所当然，并不是所谓接触外来文化之后一朝一夕的变化，而是在内部早有萌芽。对此追根溯源并不容易，但至少我们可以从"饼"这种简简单单的食物之中看到其发展的过程。

"家（ie）"原本是生产的单位，同时也是消费的单位。其中食物以共同消费为基本原则，直到家庭成员将食物送到各自嘴边，都处于所谓分配论的范围之外。户主独酌一杯，或是主妇开个小灶，其他成员只能眼巴巴看着这类不平等，是进入近世以后才出现的现象。而这一倾向的先驱，正是节日的"饼团子"①。在家中女孩儿只有一个纺线桶，孩子们除了玩具箱没有任何私有财产的时代，"饼"已经因其形态和能够保存的性质，为各人所有并由个人自由处置了。在最为严肃的"家父权制度（Patria Potestas）"之下，各人也能够正式获取属于自己的"心脏的食物"。出羽地区正月的"宇贺饼"按照家里男性的人数制作，奉献于神前，而大和②伊贺山村的山神祭，也同样是按人数供奉。如此看来，信州的"mitama 饭"中要插入与家人同样数量的筷子，或许都是同一个起源，都是事先对个人份额的指定。如今有似乎只限于日本西部或者一些乡下，与盆节的"生御玉（iki mitama）"的风习相对应，正月时被称为"亲饼"，即孩子向老亲敬献"镜饼"的习俗。作为"铁浆亲"③、"名取亲"④、媒人、接生婆⑤等

---

① 在日本，与"饼"相比，"团子"的材料不限于糯米，也可以是粳米或是面粉，做法是用粉和水做成圆球状，然后蒸熟或是煮熟食用。此处的"饼团子"指用糯米粉做的"团子"。

② 古国名，请参考附录二。

③ 日本女性用以染齿的以五倍子或鞣酸与醋泡铁片溶液混合而成的黑浆被称为"铁浆"。"铁浆亲"指女子成年时认的义亲。

④ 命名时认的义亲。

⑤ 在日本，媒人、接生婆都被视为义亲。

照顾了众多子辈的人，会收到很多"饼"。他们把收到的"饼"再分给孙子们，孙子们收到的饼则叫作"孙饼"。在奥州的深山处，人们事先大量制作"饼"，青年称之为"铊饼"①，少女称之为"苧桶饼"②，正月十九、二十日的晚上大家聚在一起烤着吃，享受一年一次的脱离家庭生活的机会。不仅如此，依然存有古风的家庭，还会有"马饼""牛饼"，甚至连臼、锄头、铁锹，也会定一个日子，供奉"饼"。这当然是相信这些家畜及器物也有灵的古人心理的残留，但如果没有"饼"作为个人主义的标志，这些习惯恐怕很难留存至今吧。

五月的"卷饼"等，也承认家中的私有。在日本各地，小孩子将属于自己的"饼"挂在室内的一角，长期享受着内心的幸福。琉球的"鬼饼"也有同样的情况。十年前旧历十二月的一个月夜，我乘坐马车路过丰见城村③，遇上了难得一见的情形。一个十一二岁的少年，我只看到了他的背影，他嘴里嘟囔着什么，追上了我们的车，当我停下车问他有什么事时，他突然将用月桃叶包裹而成的一束

①　"铊"为柴刀、砍刀之意。
②　"苧桶"指装树皮制出的纤维，或是纺织制成的丝线及纺线用具的圆形木盒。
③　今属丰见城市，位于冲绳本岛南部。

"鬼饼"扔到我膝上便跑开了。后来听了同行者的说明我才明白，原来这一天是亲戚众多的小孩子能得到大量"鬼饼"的日子。孩子们因为还不习惯私有，很容易便感到满足，于是想到把剩余的"饼"馈赠给他人甚至是旅行者。平日只限定于家长的款待权，在这一天幼小者也能够行使，我深深觉得，这是一件好事。

另外还有一件事，也是在冲绳时我学到的知识。早年我撰写过《后狩词记》一书，记录日向①地区狩猎野猪的相关用语。猎人将共同狩猎获得的猎物（karikura）分给"势子 seko"②时，每人的一份被称为"tamasu"，对此我一直不太理解。而这个词，在冲绳也有。根据仲宗根源和③君的记忆，在国头④地区，将食物分给少年时，每人的一份也被称作"tamashi"，如果有比较贪心的孩子吃完了自己的想去拿别人那一份时，大家就会责问他"你自己的 tamashi 哪去了？""tama（玉）"这个词，在日本内地⑤不仅被用来称呼乌冬面等的一人份，而且山里树木经过采伐的一片土地，也是按一"玉"、两"玉"

---

① 古国名，请参考附录二。
② 狩猎时驱赶鸟兽或阻止鸟兽逃跑的人。
③ 仲宗根源和（1895—1978），冲绳的社会运动家、政治家。
④ 冲绳本岛从东北到西南分为"国头""中头""岛尻"三部分，国头地区山地较多，中心城市是名护市。
⑤ 相对历史较新的北海道、冲绳而言，是本州、四国、九州等地方的总称。

来计数，岩手、三河①都是如此，信州想必也不例外吧。另外，将小孩子称为"tama"，自古有之。如今只有鸟类的"子"被称为"玉子（tamago）"，可以说保留了其痕迹。方言中称人偶为"tamasa""ichi-ma"，也许也属于相同的事例。不管怎样，我感觉表示灵魂的"tamashii"，与表示个人私有概念的"tamasu""tamashi"，今后应该能够被逐步究明本为同根同源。如果我们把"饼"当作平凡的古风，对其风俗的自然变迁不加以观察、弃之不顾，其结果将会使应该知道的事实湮灭而不可复得吧。而如果我们压制内心的疑问，只提供人们预想之中的解说，将一时的流行当作学问的课题，那么我们的乡土研究恐怕也只能终是徒劳了。

（昭和七年一月 《信浓教育》）

---

① 古国名，请参考附录二。

# 米之力

一

　　食物因其素材、烹饪方法以及摄取方式的不同，功效相差悬殊，古人也深明其理并恪守不渝。只是其根本理论，与现今的营养学相去甚远而已。这两种法则之间到底有着怎样的交涉？就结果而言，各自又有多少准备不足或是考虑周全之处？古人无法超越时代理解我们的学问，这是无法改变的。但后来者难道不应该先将前车之辙看在眼中，然后再确定研究的方向吗？有些事情需要从极为平凡的小问题出发，开始新的思考。正是在这样的小问题之中，往往藏着那些不曾得到自称研究家的人们的注目，历经风雨才保存至今却在还未得到充分利用之时就要消失无踪的重要事实。

首先我想谈谈"力饼"。在我还穿着草鞋四处踏访时，各地山路的最高处往往建有茶屋。屋前售卖的"饼"，名字一定是"力饼"，除了名字有些奇特外，其实是很普通的当地特产。最近所谓徒步者（hiker）也许还能接触到一些残留。例如，筑波山等地确实还在售卖这种"力饼"。都已经使出浑身力气爬到了山顶，还吃什么"力饼"？这恐怕是大家共同的心情。也许正因如此，解释时一般会借用历史上的大力士，如辨庆①、曾我五郎②等的名义，讃州③屋岛的一个寺庙还保留着据称是武藏坊使用过的满是虫蚀痕迹的"饼臼"。

在今天马头状的横杵（木槌）普及之前，使用臼的劳动大都是女性的工作。不只是"饼"，所有的谷物，都要由她们纤细的双手来处理。臼成为家中的贵重物品而被珍藏，是最为简单明了的"力饼"这一名称的起源被忘却的证据。因为这种饼辨庆曾亲自制作，或是路过时吃过，所以被称为"力饼"，这种解释实在过于牵强。那么这一名称到底是如何产生的，便成了一个问题。我们的方法并不复杂，只要拿出些许耐心，看看同一个词在全国各地是怎么被使

---

① 武藏坊辨庆，日本平安时代末期的僧兵，跟随源义经。

② 曾我时致，日本镰仓时代初期的武士，以与其兄弟十郎一起为父报仇的故事而知名。

③ 古国名，请参考附录二。

用的就行了。也许无法立即得出确切的答案，但至少可以了解变迁的路径，然后逐步接近其根源。我们将在"力饼"这一事例上尝试我们的方法。

二

"饼"是吃的东西，如果不是食用之后能够增长力气，恐怕是不会被称为"力饼"的。事实上我们收集到的各个府县的此类例子，几乎无一例外，都是这个意思。其中什么地方历史比较悠久，什么地方是新近的应用，我们晚些再进行分析，首先谈谈与"饼"有着密切联系的正月中的"力饼"。在越后①北蒲原郡紫云寺乡的部分地区，所谓"力饼"，是指将小正月②装饰用的"饼团子"放入小豆粥中的食物。其他地区做这种粥通常都在十五日，而当地则是在二十日，据说吃这种"饼"，吃得越多越有力气。而同样是装饰用的"饼"，将单层"饼"的上面一侧用火略烤，用厚朴叶包起来挂在天花板上，等到春天"开锹"即新年第一次翻田的那天取下食用，说是吃了能有力

---

① 古国名，请参考附录二。
② 日本以正月十五日为中心有一系列富有特色的民俗活动，与以元旦为中心的"正月"相对，被称为"小正月"。

气(《高志路》2 卷 1 号）。在马耕普及之前，春天翻田是男性最辛苦的工作。

　　不管什么地方，十五日的小豆粥中都要放"饼"。以元旦为一年之始的地方，一般是将当时供奉的"镜饼"掰碎放入粥中。也有的是特意做一些小"饼"，在早晨的"左义长"①的火上烤过后食用。这种"饼"有几个古怪的名字，也有地方称之为"力饼"，佐渡岛的松崎便是其中之一（《佐渡年中行事》）。在加贺②的鸟越村，这一天在"左义长"的火上烤过后食用的"饼"叫作"力饼"（《能美郡志》），似乎并不一定要放入粥中。这种"饼"如今在很多地方已经只是小孩子们的乐趣了，但在多摩川两岸的村落还是正式的食物，要特地为此准备分为三叉的树枝，枝头插上三个团子，一家之主亲自拿来火烤。但是，当地并未称其为"力饼"。

三

　　"力饼"作为新年正式食物的另一个例子，较为集中地出现在中

_____

①　日本正月的火祭，各地称呼不同，一般在十四日晚或十五日晨。
②　古国名，请参考附录二。

国地区①从鸟取县的西半部到岛根县的出云地区。从整体上说，这一地区的各种民俗具有充满特色的变化，我一直以来都希望能够对此地区进行总体性的调查。而如"力饼"这样的问题，尤其能给予我们无法忽视的暗示。下面我们较为详细地比较一下各地的风俗。首先是东边，在东伯郡的以西村，"力饼"被视为是正月敬献给"岁德神"的供品。做法是将米饭捏成茶杯大小的饭团，外面用"饼"包裹起来，并排摆放两个装满新米的草包，上面铺上新做的草席，将"力饼"与供膳一起置于其上(《因伯民谈》4 卷 1 号)。在西伯郡的法胜寺村，这种"饼"称为"力起饼"。在正月制作"镜饼"的日子，将蒸好的糯米用"饼"包裹起来，做成倒扣的碗状，共做两个，献于神龛之上，待到早春的雪住雷鸣之日取下，全家一同食用(《五倍子杂笔》②第四册)。在新年初次打雷之前，即使长霉也绝不提前食用(《近畿民俗》1 卷 1 号)。同郡弓浜半岛的各村，将"强饭"③用手捏成"饼"的形状，称其为"力饼"，也是在正月制作，与"镜饼"一起

---

① 日本本州岛西南部地区，包括冈山、广岛、鸟取、岛根、山口五县，西与九州、南与四国隔海而望。

② 泽田四郎作(1899—1971)的随笔集，共十三册(1934—1954)，第四册成书于 1936 年。

③ 古代指蒸熟的粳米，江户后多指蒸熟的糯米。

置于"三宝"①之上，辅以交让木叶、橙子、虾、马尾藻等(《民俗艺术》2卷1号)。应该之后会在规定的日子食用，但报告中对此并未言明。而岛根县出云地区的能义郡，这种"饼"被称为"力祝"，定在正月二十四日食用。据说也是在年底春"饼"时制作，将半成的"饼"放入户主的茶碗倒模而成，敬献于"岁德神"前(《广濑町志》)，可以想见其名称也应该是"力饼"了。八束半岛外海岸的野波村，也是在年底的二十八日春"饼"时，将半成的"饼"用户主平日使用的茶碗留下一碗，在正月二十日供全家一同食用(樱田胜德君报告)。

比较上面几个事例，供奉"力饼"的对象虽然可以分为年神与户主两种情况，但也许因为方式、目的基本相同，从前各自独立的两种仪式的一些过程渐渐被省略，最后只留下其中的一种了。在簸川郡等地似乎直到最近还是两种都做。也是将还未充分捣烂，尚留有米粒形状的"饼"称为"力饼"，用户主的茶碗倒模，在正月里与散米、栗子、柿子、橙子、鱿鱼干等一起盛于"三宝"之上，摆放在壁龛②之中。据说正月二十日烤着吃，能够增长力气。此外，也有人家用黑木碗满满地装着敬献于神前，说是吃了这种"饼"能够力大无

① 也称为"三方"，神道盛放神馔的容器，木制，相当于有高台的"折敷"。
② 即"床间"，日本和室建筑具有特色的空间，常饰以书画挂轴、插花等。

穷。为什么这种"饼"需要用半成的"饼"或是用刚刚蒸熟的糯米手捏而成，目前我们也无法解释。同在簸川郡，临海的北滨村一带将年底舂"饼"这天剩在杵上的"饼"特地装在茶碗里，放在"三宝"之上，也被称为"力饼"，在正月二十日供全家人一起食用(濑川清子君报告)。这与"usu bata(臼端)""te no kubo mochi(手之窪饼)"一样，被大家公认为应由参加制作者所得。而且据说当地正月敬献的"饼"，原则上是需要户主夫妇亲自制作的，所以可以认为从一开始就指定是两人份吧(请参照后面关于"身上饼"的文章)。

## 四

与此相似的仪式活动，依然广为所见。例如，在长门①之外的见岛，年底打糍粑时，最初的两臼制作"小饼"，第三臼做"o iwai sama(御祝样)"即"镜饼"。在做"镜饼"之前，取少量刚蒸好的糯米，放在"一升枡"②中，献于神前，称之为"力饼"，人们相信食之可增长力气(《见岛闻书》)。在筑前③的志贺岛，"力饼"是正月献

---

①　古国名，请参考附录二。
②　枡，木制盒形量具。一升枡装满后其容积为一升。
③　古国名，请参考附录二。

给荒神的"饼"，正月七日撤下，用其下所垫的白纸包裹，以草绳系住存放。十四日的"omi"即"杂炊"①里是一定要放"力饼"的，而另一部分在同一天的"onisube"即"火祭"时在七家的火上烤过后食用，或者十五日放到小豆饭里。这种"力饼"一定要在家人之间分食，绝不可分与家人之外的人(樱田胜德君报告)。肥前②的三养基郡，也有吃了正月二十日的"力饼"不生病的俗信(《佐贺县下的饮食生活》)。报告中并未提到制作的时机，但也应该本是新年的供奉品，专门留到这一天的吧。

农民感觉特别需要力气，是在春天耕田的时候，在此之前食用"力饼"是自然的事。而细想之下，这与正月甚有关联。从前所谓一年之始，比今天要晚得多，我认为是在就要进入农作的旧历三四月。这一点暂不详述，而"力饼"也多是在此时制作。例如，飞驒③的"苗代饼"制作于翻耕育苗田之日，也被称为"力饼"(《飞驒人》4卷5号)，实际上标志着农作的开始。不知如今是否尚存，在秋田县北部曾有制作"草之力饼"的习俗，也是在春天翻耕的第一天，各家制作了"饼"带到田间。时间略早一点，是在旧历二月十五日之后

---

① 汤中加入米饭和蔬菜或海鲜等其他食材煮成的粥。
② 古国名，请参考附录二。
③ 同上。

（《芒之出汤》）。在日本的中部，大阪府的中河内郡的各村，"力饼之日"一般是指旧历五月末的某天。也许因为当地农作的重点是旱田，在麦穗渐黄的时候，区长会综合天气和作物情况，确定一天为农休日。这一天，大家都制作"力饼"，近邻之间相互馈赠（《近畿民俗》1卷3号）。此外，大阪市附近还有制作"力团子"的习俗。时间是在六月一日，据称这一天也是淀川改修纪念日，从其名称"秋休"（《东成郡志》）来看，也是与农作关系密切的日子。

## 五

在我邦的民间历中，六月朔日是相当重要的节日。九州南部有"万石朔日"，中国地区有"烧饼节供"，日本东部有"muke日"或"脱衣朔日"，名称虽然因地不同，但可以想见都与农业劳动有着较深的渊源。此时正是插秧的农忙期告一段落，开始考虑除草、灌溉的时节，节日有着在长期连续的疲劳之中注入新的活力的效果。现在一般被视为水神祭日，在日本西部被称为"川祭"，日本东部则称为"天王oroshi"，但其目的却并不仅仅是保障灌溉用水，也带有努力防止灾厄借着有病在身或是体弱之际乘虚而入的意味。这样看来，仅仅作为休养无法处理这些与食物相关的仪式活动，这些仪式在祇园信仰之外流传至今，如今已经难以解释了。其中特别值得注意的是被称为"齿固"的"饼"，当年朝廷是在正月之初，民间的一些村落将之作为新春食物，但也有地方放在六月朔日。从奥羽①到越后的佐渡地区，都是在元旦的清晨，去迎接"若水"②时先将"饼"敬献给水神，之后带回一半，留到六月朔日。也有被称作"水饼"的，但徒有其名，其实就是将"寒饼"③掰碎做成"kaki 饼"或"arare"④，在这一天食用而已。在日本东北地区实际上则是"冰饼"，色白易碎，吃着也无益于健齿。用草绳系起来垂挂保存，完全谈不上美味，只是作为一种仪式在这一天食用。有些地方在仲春开始翻田的日子有同样的做法，但却不称为"齿固"。一般等到六月一日将之分给家中的劳动力，除了食用一部分，还要嚼碎涂抹在手、足、脖颈之处，据说能够防止蚊虫叮咬。认为"饼"中存有这样的力量，便是"力饼"的思想。需要正月的"饼"，而且要在六月奉最为敬畏的水神之前，这可以认为是其功能的源头。"齿固"是朝廷自古的称呼，但人们在其中追求的却不仅仅是牙齿的坚固。所以最

---

① 古国出羽和陆奥的合称，请参考附录二。

② 日本正月第一次汲水的仪式，或是通过这一仪式汲到的水。

③ 由"饼"在冬天极寒时自然干燥而成。

④ 都是将"饼"掰碎后得来的"碎饼"，"kaki 饼"略大，"arare"更小。

初应该是另有名称，之后开始嚼着冻不住的硬"饼"后，才新出现了这样颇有趣味的名称，而朝廷与民间的这两种"齿固"，也未必是各自兴起并有所混同的。在南会津①的山间村庄，六月朔日的"饼"原本被称为"力饼"，浸泡于正月的"若水"后晾干存放到这一天食用（《旅行与传说》11 卷 11 号）。如果调查一下，一定还有同样的例子。这些与"饼"相关的活动都是正月仪式的延长，只是具体的使用移到了特别需要力气的时节而已。

六

因为在近世，正月是最不需要力气干活的时候，所以除了山阴②地区明显的习俗之外，食用这一名称的"饼"的意义也逐渐被淡忘了，这不奇怪。但遗忘并未到能够完全无视以米为材料的"饼"拥有着神奇力量的地步。可以推测出现在近世之后的"力饼"的事例不胜枚举。其中广为人知的，是以因怀孕分娩而体弱的妇女为对象的事例。佐渡内海府的"力饼"，是产妇在月子期结束的那天食用的

———————————

① 现福岛县内。
② 本州西部日本海沿岸以鸟取、岛根两县为中心的地区，因古代制度中的"山阴道"而得名。

"饼"，据说以前叫"干饼"（仓田一郎君报告），也许是由正月的"饼"保存而来的。在其他地方更多听到的是在需要时特地制作，而制作的时机也各不相同。比如周防①的防府附近，女子妊娠九个月或是临月时，娘家送来的"饼"被称为"力饼"（《山口县产育习俗调查》）。在备中②的浅口郡，产后食用的放有"团子"的味噌汤被称为"chikamachi"，似乎也是"力饼（chikara mochi）"的变音。因为已经没有什么需要等待（machi）了。给产妇食用"饼团子"来增加力气的事例，在各处都有，似乎是颇古老的习俗。在九州的小仓地区被称为"tayori 团子"，将"团子"放在味噌汤里给产妇食用，说是可以调整腹部（《丰前》2 卷 2 号）。在滋贺县的各郡，是在产妇产婴的翌日，或是在婴儿出生一周内，由娘家送来供产妇食用，说是可以重塑产妇的腹部形状，别名叫作"harawata（肠）饼"。在北部的伊香郡，很多人也称之为"力饼"。而在三河的举母地区，产妇在产后的第七天会收到将两块上面点有红点的大块"切饼"以纸包裹的贺礼，其中一部分由产妇食用，名称是"harabata 饼"。东京有在盛暑时节

① 古国名，请参考附录二。
② 同上。

吃"土用①之肠饼"的习俗，对象不限于产妇。其命名可以说是十分直白，将腹部感觉提不起力气看作肠子力量不够，所以要吃"饼"来补充，可以说是非常贴近食用者感觉的自然的命名。

# 七

准备被称为"力饼"的"饼"的机会，除了分娩之外，还有两个。一个是近似于辨庆的"力饼"，即让满周岁的婴儿背着或者抱着的"饼"。这一风俗的起源已经不甚明了，但其俗之古老，可以通过几乎遍及全国的流传程度推想得知。在有些地方，新生儿在满周岁前会走路是不祥之兆，所以故意制作巨大的"饼"压在其背上。如果这样还站得住，有人会上前将其推倒，但这是后来才出现的一种咒术。其他还有不少地方有称为"踏饼"的做法，即给还不会行走的婴儿穿上草鞋，抱着孩子让其站立在"饼"上。在婴儿第一次过生日时需要舂"饼"的习俗，自古就有。将这种饼称为"力饼"的事例出自山口县的丰浦郡，这里的做法是以一升米做"饼"，让婴儿抱着

---

① "土用"源自五行，指立夏、立秋、立冬、立春之前的大约18日的期间，现一般多指夏季的"土用"，即立秋前的期间。

（《长门方言集》）。在爱媛县的宇和四郡，土佐①的冲岛，"诞生饼"的一部分被称为"力饼"。只有让满周岁前开始走路的婴儿背着走路的"饼"，也就是别处称为"tattara 饼"的才叫"力饼"，一般情况下则被称为"诞生饼"。在婴儿生日这天舂"饼"都是一致的，只是如同辨庆的经历那样，发育过快的孩子往往令人担心会成为怪物，所以要特别警惕，而"力饼"这一称呼应该更早的时候就已经存在了。信州东筑摩郡的山村，也有在周岁让孩子背"饼"或是用五个"御供饼"分别叩击孩子的头、肩、膝的风俗，使用过的"饼"被称为"力饼"，第二天早上供全家人食用（《村调》之四）。无论是背负、叩击，还是踩踏，其实并无差别，都是祈祷孩子从这些"饼"中得到生活所需的力量的仪式吧。

另一种情况正好相反，是人去世时的"力饼"。在离东京不远的北多摩郡东村山村，在出棺之前，直系血亲要用"一升枡"的底板切"饼"食用，此"饼"被称为"力饼"或是"试胆"（《川越地方乡土研究》1 卷 3 号）。这一带担任所谓"汤灌"②"穴掘"等任务的人干活前饮的酒被称为"力酒"，在出棺之前吃的饭叫"力饭"，都是为生者

---

① 古国名，请参考附录二。
② 为死者沐浴或擦身的仪式。

增加力量，或是防止秽气侵入的手段，也可以看作"食别"的一种形式。但"食别"是制作四十九个"小饼"和一个"亲饼"，将大的"亲饼"切开食用，或许与"中阴 ake"①的仪式有所混同。这无疑也是一种"力饼"，但我还没有听到如此称呼的例子。

八

被称为"力饼"的例子还有一些，但都是孤例，难以从中发现更大的意义。但如果将来能有更多类似的事例，我们的假设也许能更具确定性，这样的希望还是有的。下总②流山町的三轮神社，正月八日有被称为"jingara 饼"的神事。这似乎是另一种正月的"力饼"。这一日年轻的氏子们要登上拜殿，抢夺"镜饼"。此"饼"若有缺，则为祥瑞之兆（《东葛饰郡志》）。这与将盛在一家之长的茶碗中的"力饼"分给全家人是一个性质，可以看作为了多分得一点而争夺，但"饼"若有缺则为祥瑞之兆的意义尚不清楚。在上总③的君津郡，认为吃了切"饼"时散落的小块能长力气（濑川氏报告）。不知这是

---

① 人死之后的第 49 天被称为"中阴"。ake 是"结束"的意思。

② 古国名，请参考附录二。

③ 同上。

否也应该被称为"力饼"，我记得东京等地也有类似的说法。在下野①的芳贺郡，切"饼"最后剩下的那部分，被称为"debae 饼"，说是女性吃了这种"饼"能"debae"（《旅行与传说》8 卷 10 号）。"de-bae"汉字写成"出荣"，指穿着盛装时比平时漂亮，是出嫁前女性的理想，正和男子的膂力是相对应的。出云、伯耆②的"力饼"是圆形的，与切剩的"饼"似乎并无联系，但如果把常陆③北部的村里或是旧家曾经有过的"隐饼"这一习俗置于中间，那么我们能够想象二者是有联系的，是曾几何时在关东地区也有过与山阴各地事例相近的仪式的痕迹。"隐饼"据说是略扁平的由一白一红两张"饼"重叠而成的"镜饼"，也是在年底制作，藏在"纳户"④之中，连家人也不让触碰。在正月五日的"入山"日取出，在重叠的状态下切成两半，从两边的半圆中，切出红白四个方形，再将方形的四角切掉，将切下的三角形部分带去敬献给山神，余下的八角形部分由一家之主单独食用，其他剩余的边角则分给家人。正月十一日的"入锄"日，将剩下的一半"隐饼"按同样的方式处理，也是将切下的三角形部分献给

①　古国名，请参考附录二。
②　出云、伯耆都是古国名，请参考附录二。
③　古国名，请参考附录二。
④　本是室内存放衣物、家什的房间，也作为寝室、产房。

神灵，中间的部分由一家之主单独食用，其他的则由家人分享(《旅行与传说》7 卷 9 号)。① 这里没有"力饼"这一称呼，但方式上与出云、伯耆地区的"力饼"酷似，甚至更为精确。由此推演开去，三月"菱饼"的剩余边角，东京等地"noshi 饼"②的边角，还有制作"kaki 饼""arare"时的碎屑等，从前应由何人以何种形式享用，都有一定的规则，也许还有一些"旧家"坚守着这样的传统。似乎奥羽各地正月的"mawashi 饼"、信州北部亲戚朋友间赠送的"饼"，也都是切成方形，切下的边角留在家中。也许同样的做法也应用在神与人共同进食之际，最终产生了"隐饼"这样复杂的方式吧。总之，曾经人们认为"饼"能够转化为食用者的力量，这一点毋庸置疑。在正月，不但是家里的每个成员，就连器具、家畜都有各自过年的"饼"，而对于并非家人的长辈、上司、资历高于自己的人，也要带上"名指饼"前去拜年，至今如此。结下义亲关系，称呼中带有"亲"字的，如"丈人亲""仲人亲""名取亲""铁浆亲""接生亲""拾取亲"③"工作亲"等，形式也许在逐渐发生变化，但完全脱离这类关系的人，

---

① 柳田在此的描述与前面有些矛盾。应该是将"隐饼"切成两半后，正月五日的"入山"日和正月十一日的"入锄"日，各使用其中一半。

② 将"饼"擀成扁平状态后切成的长方形的"饼"。

③ 日本民间为了小孩茁壮成长，有着形式上扔弃而请人抱回的仪式，将其抱回的便是小孩的"拾取亲"。

即使在今天也极为罕见。而对于这样的关系，从前作为惯例的礼节，年头的"饼"是其主要形式。在相州①津久井的山村，也有人称这样的"饼"为"力饼"。

<h1 style="text-align:center">九</h1>

　　力量并不一定要以"饼"的形式才能供给，这也能够通过各地的事例而想象。"力饭"的应用，大抵与"力饼"的情况一脉相通。例如，长门的相岛，至今还流传着孕妇"带祝"的时候，被邀请到丈夫的亲戚家中接受款待的习俗，当地称为"力饭"，丰浦郡称为"力呼"。萨南②的冲永良部岛，孩子出生当天晚上，会形式上给新生婴儿供上一顿饭，称其为"力饭"。宫崎县的西部，相传山神会在孕妇生产时来临，一直待到婴儿出生第七天的"命名礼"，孩子出生后，人们立即献给山神的食物被称为"力饭"。在孕妇生产后献上这种食物，几乎是全国性的风俗。一般称之为"ubu tate（产立）饭"③，或是"产屋饭""产神饭"，其意义有人解释是为了祭神，有人说是为了慰劳产婆，

---

　　①　古国名，请参考附录二。
　　②　现鹿儿岛县的一部分。
　　③　"ubu tate"是"刚生下"的意思。

说法各不相同。但从希望女孩子将来能够有酒窝，于是在满满堆起的米饭上用手指按出凹陷，为了让男孩子的头长得更为结实，于是在食盒里放上小石块等一些做法上看，虽然婴儿还吃不了，但食物的本意还是为了婴儿。有的地方将近邻所有的妇女都邀请来，尽量求个人多热闹，也是以新生儿为中心的共同饮食的仪式。佐渡岛南部海岸一带，称之为"ubu（产）饭""yona 饭"，因为目的是增强婴儿的力量，所以也称之为"力饭"。东京附近的武藏①入间郡的一部分地区，也有称之为"力御饭"的。孩子出生后，这家人会马上煮饭，邀请尽量多的人来吃。做饭的稻米，提前由产妇的娘家人送来，一般是等婴儿发出第一声啼哭后，丈夫开始煮饭，饭好之后，先敬献荒神，之后请接生婆和在场的人食用。附近村子也有称之为"ubu（产）yashinai（养）"的。"产养"一词，中世以来在上流社会的记录中常见，现实生活中也在相当广阔的范围为人们所使用。也许有国学家会认为这一词从字面上看，是向产妇赠送食物，但结合前后过程考虑，其中心还是在新生儿身上。朝廷在"产养"之后，还有被称为"it-adaki（戴）mochi（饼）"的更为严肃的仪式，即抱着襁褓中的婴儿前往若

---

① 古国名，请参考附录二。

宫①拜谒时，要由父君之手将饼授予孩子，此饼也是一种"力饼"。

丧事中也会出现"力饭"。例如，熊本县的玉名地区，出棺之前近亲者必须食用的饭团子被称为"力饭"。在送葬之前吃饭的习俗，遍布全国，被称为"tachi ha（立饭）"或"detachi（出立）饭"②，在日本东北地区也被称为"移屋粥"。具体或是小豆粥、或是回避了三角形的圆形饭团子，各地都有细微变化，但并不供奉于灵前，所以不少人认为这是送行饭的一种形式，或者是为了增强生者力量的"力饭"。

然而，最近发现了并非如此的例子。在信州与飞驒交界之处的大野川部落，将所谓"一碗饭"③盛于碗中，高高堆起，上面插一双筷子，供于棺前。而在送葬之前，在场的所有人都要用这双筷子吃一口饭，此饭在当地被称为"力饭"（今井武志君报告）。近亲的所有人都已经沾染了丧屋的火，只靠吃这么一点东西，也是无法被除死秽的。虽然不能说所有情况都是如此，但这一天的"力饭"中，有一些是以灵魂的力量为主的。在讃岐三丰郡的山村，被称为"michi no riki（道之力）"的饭，是远在"枕饭"之前，即判断某

---

① 从被称为"本宫"的主神分祭出来的作为其子的神格被称为"若宫"或"御子神"。
② 日文中"tachi（立）"有离开、启程的意思。
③ 也称为"枕饭"。

人已经没救时，与"末期之水"①一起被用来喂人服食的（濑川氏报告）。据说是因为死者要立即启程前往善光寺②，路上需要体力。而熊野地区③一些地方认为死者要前往的是妙法山④，甚至天竺。从前人们认为死者是在瞑目的同时就踏上旅程的，所以认为将死之人与其家人一起吃的那种食物很有作用。但关于这一点，随着时代有不为人知的变化，需要进行更为详尽的研究才能得出较为确切的结论。

一〇

此外，正月的"力饭"，与其他地方的"力饼"，是一回事。例如，在筑前的箱崎，所谓"力饭"是正月十四日在饭里放入"饼"煮成的，现在也有人称之为"力饼"（《土》1 号）。在博多，所谓"chikara ii（力饭）"是正月十五日上午，将供奉于荒神之前的"饼"

---

① 给临终者喂水或润湿嘴唇的仪式时所使用的水。

② 在长野县，以一光三尊阿弥陀如来为本尊的寺庙，是民众信仰的圣地之一，江户时代流传着"一生参拜一次即可极乐往生"的说法。

③ 指纪伊半岛南端的和歌山县南部与三重县南部地区。

④ 此处指和歌山县著名的阿弥陀寺，因在妙法山上，所以号称为"妙法寺"，属真言宗，本尊为阿弥陀如来。

切成小块，放到小豆粥里煮食的，这也是新年的第一顿粥(《博多年中行事》)。在肥前的松浦地区，"打鼹鼠歌"中经常出现"chikara i"或"ikara i"等词，也是作为"力饭"的饭团子(《俚谣集》)，此地也许曾经有着以此种形式将"力饭"分与小孩子食用的习俗。

石见①滨田附近的"chikara i san"②，也有与出云的"力饼"颇为相似的地方。在这里，将正月一日煮好的米饭盛在碗中高高堆起作为祭品，称其为"力饭"。十五日将之加入粥中供一家同食，而这一天用镰刀划伤果树，嘴里念着"多结果、多结果"并喂给树吃的，也是这种粥(《乡土研究》7 卷 1 号)。元旦敬献米饭，在奥羽地区司空见惯，但在日本西部却颇为少见。但是，宫城之中原来也有"kowa kugo(强供御)"③，"杂煮"④未必就是正式的仪式食物。米饭在变为近世的"坚粥"之前，与"ii""mochi ii"的差别并不是很大⑤。所以"力饼"中也有舂到一半的半成品，或是刚蒸好的糯米。将其盛在碗

---

① 古国名，请参考附录二。
② "san"是日语中的一种敬称。
③ "强"指"强饭"。
④ 日本正月必不可少的食品，以糍粑为主要内容，因地域不同而适当加以蔬菜、鸡肉、海产品、豆制品等一起煮熟，以酱油或味噌调味。
⑤ "ii"汉字写"饭"，是指"强饭"即蒸熟的饭，一般是粳米，强调材料是糯米时说"mochi ii"。而"坚粥"做法同粥，加水煮熟，但水分较少。

中，高高堆起，献于神前的风习，似乎很早就存在了。

　　饭团子与"饼"的分界线，似乎也并不分明。在中央地区的农村，有着被称为"嫁饼"的习俗，即为老鼠准备作为年饭的"饼"①，而同样的习俗在东北地区，家里摆放的则是小小的饭团子。在冲永良部岛，吃年夜饭之前要在"座敷"②四角的房梁上放上饭团子，一边念着"chikara meshi、oishabura"即"献上力饭"，一边向左转圈。虽然不知道是向什么神献上饭团，但在当地，是以饭团子不被老鼠吃掉为"yugafu"，即丰年的吉兆的(《隼人》6 号)。力量的根源原本在米，而"饼"则是将其聚集于一人，敬献给指定对象的形式。这一点，从这一敬献饭团的例子可以看得更加清楚。淡路③的物部组地区，是古风极盛的地方，从前有女婿在除夕之夜给亲家家中送去一袋精米的习俗，这袋米被称为"力米"。在其他地方，一般都是赠送单层的"镜饼"，称之"亲饼"或"婿镜"。第二天即元旦早上，用这种米做饭，称之"力饼"(《淡路风俗答书》)。这显示出此饭原来应该与"强饭"一样，是用甑蒸食的，称之为"饼"也算恰当。

---

①　这一名称应该得自"老鼠嫁女"的故事。
②　日式住宅中用以接待客人的铺满榻榻米的房间。
③　古国名，请参考附录二。

一一

　而"力米"这一称呼，若留意观察，在远僻之地还有着残留。例如，青森县的三户郡，有给产妇喂食被称为"力米"的生米，认为能令其强健的习俗。一些地方是产后立即让产妇口嚼十粒或五十粒的生米，也有的地方是有要生了的感觉时就这么做（《五户的方言》）。当地或者附近平时并不食用米饭。冈山县也有村庄让孕妇在生产之前口嚼生米（樱田君报告），或是让其在分娩后马上口嚼十粒生米的习俗，这些生米都称之为"力米"。在平日就食用米饭的地方，做法则更接近咒术，比如去神社求来米，在产妇分娩遇到困难、意识蒙眬之际令其嚼食（同县《产育习俗调查》）。埼玉县的川越地区是产米之地，产后所谓"力饭"的材料，是由娘家送来的"力米"，据说产妇要从娘家的米中获得力量（同县《乡土研究》1 卷 2 号）。在越后六日町附近的某村落，在产妇要生孩子时，用盘子盛醋放在炭火上烤，让产妇闻其味道，并咽下称作"力米"的三粒生米，说是可以消除产妇的疲劳（《民间传承》3 卷 5 号）。看到这儿，也许大家都能联想起屡屡成为城市人嘲笑对象的"摇米"习俗。所谓"摇米"，是将少量米粒放入上了年头的竹筒中，在病人枕边摇晃竹筒，让垂危的病人听其声音的做法。城市人常常以此为笑话，说些"听说连米都摇过了还是救不回来，这也是命吧"的话来讥笑山村人。虽然我并不认为从前处处都如此，但如果对土地的开发进展到没有稻田只有旱田的山野程度，而同时以稻米为菩萨的思想依然存在，那么即使没有发展至"摇米"的状态，在其过程中也会出现种种颇为矛盾的现象。如今有人耍小聪明，提倡所谓的节米运动，那么在尝试之前至少需要考虑到这一点。

当然，这个问题并不是以这样一篇小文就能轻易解决的，文化发展的背后总是潜藏着看不见的动机。例如，即使是稻米出产较少的杂食的村落，在一年之中也一定有几次要吃米饭。元旦以"饼杂煮"来庆祝的家庭，现在已经是大多数了。在此之前，除夕吃过年的"年饭"时，将米制成的食膳献于神前，一家人吃同样的东西，这一点更是毫无例外。结婚生子等人生大事，或是祭奠双亲先祖之时，就连平时只是吃些碎米或是从磨场收集起来的那些无法精磨的谷粒的家庭，也会食用完全精磨的、像鬼的獠牙般雪白的大米。镇守的祭祀是在刚刚收获新谷之后，稻米最为丰富的时候举办，当然米的消费量较多。而即使是在稻米并不丰裕的三月和五月的节日，或是"tokibi（时日）"①，也依然要预备稻米，或是为缺乏稻米而心忧，以"饼"或"甘酒"的颜色不纯为耻。我们的学问中，称这样的日子是"晴日"，其数量在一年之中少的有些可怜。而在以都市为标准的生活开始后，已经很难分辨"晴"与"亵"②的边界了。

一二

史学的作用，就是整理这一经过，如此而已。对从今以后的未来的判断，不妨交付给全体国民。但如果正确的知识明明只要追问便能获得却不去追问，或是不负责任地宣扬一些错误的认识而将生活引入歧途，那么责任只能归于我们的学问。

一定要吃米的机会，除了上述列举的若干仪式的日子之外，也伴随着一些非常重要的劳动的日子。其中，众所周知的是每年的"大田植之日"，人们以"yui"③的方式集体劳动，此时也有田神的

---

① 指民间的节日。

② "晴"在日语里有非日常、正式之意，"亵"有日常、非正式之意。柳田把这作为一对概念引入民俗学，扩展其内涵，用以理解民俗生活中时间、空间的不同性质。这一对概念为日本学界接受，成为诠释日本文化时的一对基本概念。

③ 汉字常写作"结"，村内或组内的一种劳动交换。

祭祀，在室外吃饭，而即使是最为简略的情况，也不能缺少米饭。房屋建筑的"建前"①或是"葺笼"②之日，必须给劳动者提供"饼"。无法想象"上梁式"的"粢饼"是用粟或是稗来做的。并非只因为工作的劳动量大，所以要提供美食，而是不同家庭的人聚在一起，在室外共进饮食以庆祝，就是一种"晴"。从山中合力采伐大木，或是一年数次到山里集体狩猎的日子，带去的午饷也是"晴"的食物。按照这一思路，像行军打仗这样的大行动，也应该自古就是食用白米的重要机会。除了闭城坚守或粮草缺乏、士兵远征只能以米饭之外的粮食勉强应付的情况，应该是极少吧。而中世战乱持久，也使得武士成为必须食米的阶层。最初只是为了保证充足的军粮而强制稻米的种植与储存，后来成为惯性，住在村中的"农兵"③，在早就应该恢复杂粮的平常日子，也改不了吃米饭的习惯，于是米谷财政这一极为不便的形式成为了原则。加上随着贸易的发展，聚集于城下的商贾、百工也变成了以稻米为常食的平民，在以稻米为标准的传统"晴日"之外，生活中也几乎充斥着稻米。只种植稻米的所谓"新田"的土地开垦屡屡受到奖励，则既是能够实现上述状况

① 也叫"柱立"，立主要立柱的仪式。
② 建筑完成后的宴席。
③ 指战时应召成为士兵，而平时在家务农的武士。

的条件，也是上述状况带来的结果。而日本由于其天然的地形，稻米的产地自古分布不均。最为不便的运输问题变得无可回避。其结果，是农业技术落后的山间的旱田耕作地带，反而需要率先承受交换经济的压迫。也许有人会认为这种情况只是以稻米为租税的前代制度的延续，但国家的租稻与私田的利息可以说性质迥异。首先，前者就税率而言极低。如果国家事务的增多需要增加国民的负担，那么这部分负担能否以稻或籾的形式来征收是一大疑问。当年有那么大规模的田租，远国的管理及运输的方法依然未能确立，租税基本花在了费用上，于朝廷本无收益。这与各地私领之主在当地利用其土地所得，不可同日而语。武士可以磨炼武艺，以兵马为事，也可以视为稻米丰富后的结果。总之，战国之世促进了稻米的生产，而自古以来对稻米的尊崇和信仰，也因此得到进一步的刺激。如今稻米已经完全深入生活之中，恐怕对其加以限制会让人们感到无比痛苦。不可否认，这是我们今天所达到的新文化的一个特点。如果意识不到以稻米为力量根源的古老信仰对我们的巨大影响，恐怕我们无法安心预测或计划我们下一阶段的文化吧。

# 一三

　　大约五十年前，我第一次从一个名叫沃贝克①的有名的传教士那里听到关于圣餐仪式的宣教，颇为震撼。记得听到葡萄酒是基督的血时，觉得居然有这样的事，而听到把面包比喻成救世主的肉时，一下子觉得没意思了。食物造就了人的身体，也造就了人的精神，这一点已经很少会有人想到，至于在共同分享食物者之间能够产生看不见的新的关联，与其说是忘却，不如说是从未知晓过。如今，基督教的圣餐已经成为我们的常识，但对其教义由来的更为淳朴古风的思考方式是否也存于日本，却无人检视。和族实在是个奇怪的民族，对别人的事如数家珍，甚至可以转而教人，而对自己的事，却一味尊崇古书。古书没有记载，则听之任之。"mochi"与中文中的"饼"迥异，如今已经了然。而我们借用"饼"字来表记"mochi"这样，伴随着一定要做成圆形，中部略高，甚至可以双层或三层叠放，祭神时献于神前，祭祖时供于先祖灵前，为父母祝寿时呈

---

　　① 沃贝克(1830—1898)，出生于荷兰，移民美国，后派遣到日本传教，法学家、神学家。

于父母面前，仪式结束后众人分而食之，或是正月里将各自指定的"饼"分给家中的所有成员甚至家畜、用具以庆祝新年等种种风习的食物，在其他国家是否也有其物？进一步说，以"饼"为力，在特定的时日，由神与人，或是主人与眷属分而食之，是否有其他民族至今也保存着这样的例子？如果都没有，那么应该是日本有着令其存在的特殊理由吧。如果只是一两处存有孤立的数例，还可以解释成是好事者新近开始的做法。但在全国范围能够发现如此众多的事例，其起源必然更为久远。也许只是小事，但在这一点上，我们还很无知。

很久以前我们祖先所谓的"chikara"，与今天我们常常提及的"力"，是否完全是同一个意思，这一点也需要重新考察。至少，在我们固有的语言中，"税"字曾读作"chikara"，"主税寮"读作"chikara no tsukasa（力之司）"。而在文字记录可以追溯的范围，米曾被称为"oochikara（大力）"进贡给朝廷。辞书上解释说这是因为米是农夫们努力的结晶，但我并不相信这一说法。因为从本文提到的众多"力米""力饭"的目的可以看出，力是常在被供奉及享用者这一方的。如今人们依然在不言之中期待一家之中的家长、一乡之中的"产土神"及祭神的乡人，都能在米的滋养之下获得力量，保持年轻，充满活力，投入年复一年的活动之中。由此类推虽然还颇为不安，但想来过去一国万民希望归一之处，也大致就在此范围之内吧。米能够超越其色其味之美，给予我们特别的幸福感，是有着久远而深藏的理由的。

（昭和十五年三月　《新女苑》）

# 生死与食物

## ——写在采集记录之前

一

在前代人的思考之中，食物的力量先于人之出生，并及于人死之后的长久时期。日本人在承认这一点上毫无困难。眼前的一个事实就是，大多数人并没有去想为何如此，但却遵循旧例为逝者供奉食物，为尚不能食的婴儿摆设膳食。大多数人觉得既然是惯例，那么也就没有必要特地去说明其理由或起源了。但如果将来有人对此种常识的基础报以率真的疑惑，那么我们就需要一个新的学问来给予回答。因为独断的权威已然坠地，而能够将我们引向理解的共同方法却尚未确立。

首先，能够确定这一问题的范围，以及能够成为佐证材料的事实，如今还只能零散地得以确认。更不用说我们完全欠缺将之整理分类，对大家明确展示所谓古风究竟为何的方法。我坚信《旅行与传说》杂志的本次活动，将会作为一个转折点而被纪念。当然，这一报告集所涉及的范围，不及国土的百分之一，特别是岛屿、山间等重要保存地的代表为数不多。然而，却让从事这一工作的若干热心的观察者体验到意外的内省和切实的疑问，这一点无可否认。长久以来束缚着我们的两种速断，恐怕会因此而被打破。其一，是不谙世事的人认为只是普通的习俗，却出人意料地即使与相邻地区也大不相同。葬礼很难在别处遇见，即使遇到人们也不会想要模仿，因此略有交流就能发现各地都有所不同。而这次报告中相互的区别会更加清晰，使人不得不去思考其缘由。其二，是略知中央风气的人深信只有自己的家乡才有，或是以之为耻，或是向人炫耀的奇风异俗，似乎与相隔甚远的他乡有着一致之处，这令他们自己都大吃一惊。婚礼与生诞仪式，常常采用一些新的做法。对子女的爱，夫妻间的情，往往使人让步，而因为有余地去考虑尽量平抑对将来的不安，所以同一习俗圈也有着渐次扩大的倾向。平生没有半点交道，甚至互相不知道对方之所在的两地却有着相似的仪式，或是尽管一半都是差异，但存在难以归之于偶然的类似，这样的新发现不能不成为一种启示。这些都似乎并不起眼，但这种机会一直未曾有过。哪怕现在的民俗学不是积极利用这些资料的学问，至少主动观察并且记录的人们，一定会以极大的兴趣来对照这些全国性的事实，进而感到惊讶并希望了解其意义，知道其何以如此。

我现在所持的几个疑问，毋庸讳言，是在阅读本次报告书之前的疑问。也许读过报告后会发现这里不必存疑，那个问题也毫无意义。虽然这样的可能性很大，但我有着检验自己的预言是否正确的兴趣。而在举例说明此种采集的何种部分有着启发迄今的研究者的巨大力量这一意义上，我的预言也有着相应的价值。当然，本次的采集，是首次尝试，今后还将无数次地积累下去。如果其间问题能够得到解决，而且并未渐次分化，那么先驱者们的劳苦也可以得到慰藉了。因此，本人愿意冒着也许会颠覆前言的风险，举例来说明本次调查的效果，为诸君的努力提供些实际感觉，以此表达我对大家的感谢之情。

关于诞生的习俗，有些颇有意思的问题，但我还未就此发表文章。葬礼方面，因为墓制的变迁与将来的政策有着很深的关联，就此问题，我在《人类学杂志》第 500 号，以及《山村语汇》①中曾有所触及。与生死相关的习俗间共通的主要事实，是在小屋的生活及所伴随的禁忌，有关于此，还需要在对新的报告仔细阅读的基础上更

---

① 柳田编，大日本山林会出版，1932 年。

为小心地进行立论。在此，仅就大家不甚在意，也因此不太会有强烈反对的食物的问题上略加论述，以显示本次报告集能在怎样的程度上予以我们关键的暗示。而细查之下，又会让我们认识到生与死，是两种相互呼应的现象。

二

为方便起见，先从葬礼开始讲起。死亡与食物的关系，当然可以分为两类：其一，是供奉给死者的"枕饭""枕团子"；其二，是送葬时带去的各种食物。这些食物的制作，各家都有相应的讲究，作为不著文字的规矩而被遵循，但这些问题似乎迄今为止并未受到重视。使用的材料、成品的形态、供奉的方式等都有定规，每一个细节都有其潜藏的理由，但找寻这些理由在今天并不容易。一般而言，一旦死者瞑目，需要尽快准备"枕饭"。对我们而言重要的是，这时剩余的米饭怎么处理。如果做好的米饭正好用完，自然没有这个问题，但如果剩下，就得有人吃掉。而这绝不是一个简单的问题。

平日吃饭时，习惯上都是一家人聚在一起，到了年节仪式的日子，则是神灵祖先、主人与眷属共同进食。但是人们认为死者要新摄入的营养，会对一同享用的人产生特殊的效果，因此无法由在场者自由地分而食之。葬礼时从村内或组内来帮忙的人，或是来参加仪式的熟人好友不被称为"客人"，也正是为此，即所谓客人，是一定要和一家的主人分享同一种食物的。但这种时候由各方而来的来访者，按照聚会的一般法则，是应该一同分享食物的。于是，后世因各地不同而出现各种变化的一种略微麻烦的供给方式便诞生了。

"外灶"的风俗，便是其表现之一。死者去世之后，帮忙的人马上赶来，在房外搭设厨房，另起炉灶，捣米做饭，这种情况随处可见。也有的地方是借用邻家的设施，完成所有饭菜的准备。所谓"米袋子飞过了篱笆"①，倒不一定是因为有什么不正当的行为，如果负担者另有其人，而消费又是自由的，那么提供一方更为慷慨大方，也在情理中。纪州②或大和，有"绝烟"的习俗。按他们的说法，是村里有人去世的那天，全村都不开火做饭。但我想，这应该是对死者家里不因日常之用而开火的做法的误解。总之，为死者的"枕饭"而准备的那一锅米饭，如果其他人吃的话麻烦就大了。所以才会为来访者另立庖厨，这可以说是葬礼中的第二种食物。

但是，也有一种约定，那就是有某种特殊关联的人，须得积极

---

① 此话常用来形容办丧事时米的消耗量很大，消耗速度很快。
② 古国名，请参考附录二。

地共同享用"枕饭"。比如操持"汤灌"等"纳棺"①仪式的人、负责准备墓地的被称为"kubome（漥）"或"toko tori（床取）"的人、火葬地区看管火屋的人等。这并非意味着放弃了他们，认为这些人反正要沾染晦气，没必要为他们专门准备食物。而是尽管到后世变成由身份卑贱者或是承蒙死者特别恩义的人来承担这些职责，但本来负责这些工作的人都是选自死者所在的同一个群体。他们是要进入灵屋并且食用忌饭的血亲或是姻亲，所以才来从事这些工作。给为死者沐浴擦身者喝的酒，有些地方到今天也称之为"力酒"。称之为"净酒"，我认为是出自后来的感觉。有的地方一定要用黑色的木碗盛，且为死者沐浴擦身者只饮一杯，盛酒之人需要隔着门槛来倒酒。给"穴掘"的人的饭团子，很多地方都一定要做成滚圆的形状。也有的被称作"横握"，做成长筒形。总之，似乎是特意避开三角形。长门的大岛，还流传着"忧饭团"的说法，指为服丧者做的饭团，其对象并不限于掘墓者。

临到"出棺"②时的食物，在日本东部的广大地区被称为"出立之饭"，在日本西部则多叫"立场"。有的地方是用之招待所有参加葬礼

---

① 即入殓，将死者安放于棺内的一系列仪式。
② 即出殡。

的人，但其本意是与死者共同进食。很多地方此时要遵从"一杯酒"的做法，或是一定会有圆形的饭团子。送葬队列中使用的"团子"，被称为"土产团子"，播州①有将之供奉给"三昧"②六道地藏的例子。奥州的野边地等地的"移屋粥"，我认为原本是死者食物的隐语，但现在已经成了在"纳棺"时近亲者作为仪式而食用的小豆粥的名称。

壹岐岛的"火饭"习俗，是一个甚为有力的资料。死者的亲人中，只有特定的人将此饭分而食之，其他人绝不可参与其中。而为此，参加者要各自带上一些稻米。"火饭"中的"火"，在此情形下，相当于"忌"。死者家中，火是最大的忌，将"忌"称为"火"，说"火不好""火很清净"等，是自古就广为流传的习俗。在九州以及其他诸县，有不少地区将"香奠"③称为"hide"，即"忌饭钱"，这是原本只限于近亲之间食用的"忌饭"大众化之后的痕迹吧。

三

还有不少地方有着"一俵香奠"的习俗，即在服丧范围内的亲

---

① 古国名，请参考附录二。
② 在此指墓地。
③ 吊唁的礼品或礼金。

族，特别要赠送较多的吊唁礼品。这恐怕是为了突出与一般吊唁者带来的米钱之间性质上的不同，并非最开始就有着必须是"一俵"①的理由。如何演变成如今的经济上的援助，其过程通过收集更多的实际例子应该可以逐步变得鲜明。所谓"村香奠"的做法，并非是古老的习俗。在以族长为中心的所谓"门统组织"更为紧密的时代，族人之间不可能存在今日这样的对等关系。各个小家庭分立之后，才需要外部的援助，这时才产生了这种赠予与招待之间的交换。害怕"合火"之晦气的吊唁者原本就一定要食用另外的饭食。我想，村落之中大多以一定的谷物作为吊唁礼品，其用意正与壹岐岛的"火饭"相反，是因为一定要食用不带晦气的饭，所以特意另外提供材料吧。这也是我一直以来持有的疑问之一。

正如共同摄食饮食可以凝聚参加者，食用上的分餐则有着隔绝作用，可以将亲密者变为他人。这一思想，远在神代历史的"黄泉户喫(喰泉之灶)"②故事中已经表露无遗。人们若害怕与死者为伍，则会将其食物视为"忌饭"，避而远之，这一习性在葬礼时获得了充分展现的机会，一直延续至今。如果仔细观察，应该还能发现其他

---

① 容积单位，稻草包一袋，装米约为60千克。

② 伊邪那岐前往黄泉国找到妻子伊邪那美时，伊邪那美表示已经吃过了黄泉国的饭，只能与他生死分离了。

的痕迹。其中很早就受到各地同人关注的，是"塞耳"这一奇怪的习俗。与死者同年的人，一旦接到讣告，马上舂一臼"饼"，拿一片盖住耳朵，之后或是扔弃于十字路口，或是让小孩食用。有的地方本人自己也食用，或是与家人分而食之。也有以豆代替"饼"的例子。现在多从点心店购买而不自己制作了，但"塞耳"这一习俗是不变的。这种习俗，很多人都当成只有自己的故乡才有的特色，以为外地人会为之惊讶而争相报告，实际是他们自己面对一个不可思议的景象而大为吃惊的：这种做法并非孤立存在，从国之北至西南之边断断续续的众多地区，直到今天仍然保存着同样的习俗。以我的推测，这应该是过去同居一地的同龄者也是沾晦的同伴，需与死者分治其丧的痕迹。后世这一做法变得不再必要，或是不愿如此的人逐渐增多，所以特意设定了另外的食物，以食用这种食物来达到分离隔绝的效果。这种做法分布很广，说明其起源甚早；至今尚存，说明人们对死秽的忌讳甚为强烈。

所谓古风，正是如此，往往坚守着一隅之牙城。如果将其当作独立的现象来解释，那么就不得不巧舌如簧，拿无法服人的武断之论来搪塞，但这绝不是我们的民俗学。这么做的人，面对不断增加的新的事实，只会如同接到同龄人的讣告一般惶惶不安，往往对之塞耳以待。世界虽广阔，但不以采集为基础，却只是引证古书的民俗学，在任一国都是不存在的。我们的采集，是志在明天的事业。如果永远无法迎来完备的那一天，那么就只有以尽量便于修正的假说，逐步向正确的方向推进。就这一点而言，我们首先需要的，就是通过本次对资料的不断汇集与比较，让所有人都能注意到我们一国的习俗原本是一个整体，无论是"火饭"，还是"塞耳"饼，都只是无意间保留了其片鳞而已。若非如此，采集就只是一项得不到回报的事业，或是一件缺乏实感的苦差了。

日本人对"忌"变得不在乎的原因，一般而言是体验变得精确，即逐步知道并记住了那些就算不遵守规定也并没有灾祸临头的例子。促使这一转变的，是与异乡人的接触，即目睹了那些在其他地方的其他习俗中长大的人毫无恶意地一再破坏本地古来的法则。尤其是遍及的农耕使得新来者不再有充分的空间，有些人开始主动并且无条件地承担如看守"火屋"、挖掘坟墓等为人忌讳的事务。不难想象，当这些人是因为持有特殊信仰而内心坚定的"圣""御坊"①时，常民也受其感化，心中的不安也渐次得到缓解。葬礼的食物由两处灶台制作的风习虽然还得到保存，但因为分别进食颇为不便，于是出现饮用死者家的茶水的现象，进而出现对见外的待遇感到厌

————————

① "圣""御坊"都是日本民间宗教者的称呼。

烦的人，甚至如果死者是长寿老翁，还有人要特地分食其"枕饭"，希望能够沾些福气。然而，就根本而言，这些古俗依然或多或少残留着一些歧视的观念。如果细细观察，还应该能有不少发现。

## 四

问题以过于复杂的方式提出来是不太有利的。我的方式，是尽量不让当事人感觉到问题的重要性。这是为了防止对方用力过猛。一般而言，"名称"是听到后容易引起注意、也富于暗示的，所以采录名称是最为简便也最为自然的。如果曾在别处听到过，或是知道与之相近的词语，无论是谁都会有所注意，希望对其内容一探究竟的。而被问者也容易回答。例如，上述的"忧饭团"，或是"土产团子""一杯酒"等，在此名下，即使是说明略有不同，其起源也可以推想而知。然后便会察觉碗的黑色、饭团子的并非三角形，都不是偶然的结果。于是此前一直未受重视的重要事实，也由此而变为自然而然的疑问，进入意识之中。关于"枕饭"的去向，近来也有前来帮忙的人毫不忌讳地分而食之，或是乞丐前来讨去的例子，但以前是不会出现这样的情况的。今后又将如何变化，可以算是一个不错的问题。尤其是带到墓地的食物，实际上最后是如何处理的，也是一个重要的问题。在日本固有宗教的发展史上，那些进献给看不见的神灵的供品的实际食用者，被视为神主，如果是野鸟山兽，会被认为是神的使者。而关于死者的食物，也有同样的思想，将服丧之人与常人区分开来，令人们重视死忌的效果。我知道这一问题如果被正面提出来，恐怕没有人能够详细应答。因此我们除了从最容易着手的名称和外形出发，耐心地进行推论之外，别无他法。

也许此前的调查有些过于性急，对成绩抱有太高的期待。如今残留于农村的古老的风习，并不一定受到普通的人生观乃至信仰的支持，如果勉强要谈其理由，只能得到"确实有些古怪"，或是"父母邻人都是如此，若无须改变也会持续下去"之类的回答，其存续基础甚为薄弱，往往容易中断。即使偶然有些较为显著的残存，也大都与新兴的迷信相结合，或是迎合了子女的兴趣，或是其他尚未察觉的原因等外部的情况偶然加之的结果，本就无法保证枝叶先落而根干永存。而后世的随意解释反而对当事人最有影响力，根据他们的说法来把握习俗的真意，殊为不易。如果把这些零散细碎的事实直接当作记录过去之物，那便如同经白人之手而成的蛮民志一般，只能让我们欲知之事永不得知，只能借助远方的学者们的学说，得出连自己都于心不安的结论。与其求教于彼，不如珍惜自己贴切的疑问。采集绝非只属于作为后勤的兵粮吏的工作，处身学界的"乱军混战"时代，采集更应成为我们退而默默坚守的根据地。

"忌"与西方殊俗志家所谓的"taboo"应该属于同种法则，而如今流传于日本的只是其痕迹的一小部分，由此而一窥全豹，已颇为困难。国民独自的数十世纪的发展，又造就了另外的具有个性的特点。火的清净污秽观念，便是其一，能够通过人的自主性力量，对"忌"加以处理甚至改变，在别处还没有看到类似的事例。并且这一法则既非多数集团协议的结果，亦非圣贤之人指导的产物，由于各地自由的发展演变，很早就出现了无法完全调和的矛盾。在城镇生活的人们，最早撤下了他们的"忌中"标牌，但又严格地遵循着"中阴"的做法。奉公①制度中最为过分的算是"除服出仕"②了，而这些人都与服丧的家人居住在一起，"忌饭"的风习也当然会被扰乱。这一做法，不可能是日本本来就有的制度。还原历史属于附加的工作，是对在发展程度较高的社会中追寻民俗之人的特殊要求，如果将之与一般的所谓"土俗志（ethnography）"看成一回事，认为只有内外之差，那么是注定无法成功的。我们所依托的，是作为同乡同族

---

① 被农家、商人家、武士家、工匠家等雇用而提供家务、家业上的各种劳动服务。

② 指"奉公人"缩短服丧期，提早重新开始工作的制度。类似中国的"夺情"制度，但后者只适用于高级官员。

人的理解，以及对于用语的极为精细的感知。只有掌握了这些武器的观察者，才能解释复杂的古老传承，以此来启发后来的学徒。正因如此，乡土研究才值得尊重。

<h2 style="text-align:center">五</h2>

在这个意义上，我要特别感谢全国规模的同时采集，也对更多的此类尝试寄予希望。如果本次的报告不幸未能满足大家所有的需求，那么更应努力推动下一次的同种计划，我尽量将更多未解决的问题列举出来，也正是为此。

服丧守忌，食用与死者相联系的食物的人，到了一定时机也需要与之分离，回归普通的生活。对此，我们有着较为明确的方式，现在一般被称作"四十九饼"。以七七四十九天期满为"精进age"或是"山agari"①之时机，不知从何而始，在日本已是惯例。我认为原本应是五十日，因为每七天做一次法会，所以变为现在的情形。满期之时，有"食别"的仪式，各地的做法略有不同。一般是舂一臼"饼"，做成四十九个小"饼"，现在很多地方是切成同样的份

---

① 日语中"age（上）"或"agari（上）"有结束的意思。

数。因为数量都是后来才得以确定的，想来原本只是按服丧守忌者的人数制作吧。这种"饼"在中央部只是送到菩提寺，但是到了更远的地区，则一定要分配给死者的近亲食用。听说羽后的大曲等地，会专门派人通知亲戚邻居，请他们来领取"四十九日饼"。"饼"的切分，也有特定的方式。比如要放在枡的底部或是锅盖之上，又或者要由两人拉扯，在舂好的当天烤着食用，乃至要与味噌和盐一同蘸食等，平日不愿做的事，都集中在"四十九饼"上。"饼"的个数，小孩子往往喜欢一一去数，但一些家里会加以训斥或是规诫，也是原本这种"饼"只是按照应当食用的人数制作并分配的痕迹吧。

近畿及中国地区的各地，称"四十九饼"为"笠饼"。这是因为在四十九个小"饼"上，还要盖上一张较大的圆"饼"，如同斗笠，在骏州①也被称为"亲饼"。纪州有田郡的"笠饼"，并不另外制作四十九个小"饼"，只是将一张大"饼"切碎蘸盐食用，一般似乎将这种"笠饼"视为死者应得之份。而九州的佐贺县附近，"四十九饼"是做一张大的单层"饼"献给阿弥陀佛，剩下的做成四十九个小"饼"，供于死者灵前。之后将大"饼"弄碎，一块碎片配两个小

---

① 古国名，请参考附录二。

"饼"，分与亲戚。将之称为"钉饼"的理由，仅凭这一地区的情况还难以理解。冈山附近的习俗是，这一日的"饼"共有三个，其一被称作"头皿"，另外两个被称为"两胫"，盛于一升枡底，来客从这三个"饼"上各揪取一部分食用。这被称为"拔死者的钉子"，也许是包含着绝缘之意吧。

以上都是"中阴"结束之日的仪式。秋田县鹿角郡在送葬当日有着同样的仪式。也许是原本前后两次的仪式合并到这一天的结果，当然，如果不与其他若干或远或近地区的类似事例进行比较，无法得出确切的结论。现在已知的事实是，以一升粳米为材料舂"饼"，其中先做出四个白"饼"，称为"四个饼"，单独放在一边，将剩下的分为四十九份，穿成串儿，涂上味噌，在火上烤后分给所有参加葬礼者食用。据说食用后不会感冒。"四个饼"则由与死者关系最近的兄弟带到墓前，互相拉扯，扯断后越过肩膀扔到身后，然后头也不回地返家。因此，这一带的人们对平日里兄弟间拉扯争抢"饼"的行为十分忌讳。作为服丧守忌的亲人与死者的"食别"，葬礼的第二天还为时尚早，但对于一般的葬礼参加者而言，已经不能再晚，所以才以此为机，举行这种分断仪式。"四个饼"毫无疑问是死者的食物，也许在还置有"丧屋"的时代，死者的孩子及兄弟姐妹等留在墓旁，曾分而食之也未可知。后来变成送葬后死者的亲人与他人一起离开墓地返回家中，所以才演变成将"饼"扔弃于身后这种形式吧。

但是，墓前的"饼"的分割仪式，在别处未必限于"中阴"结束这天。例如，四国的各县，特别是爱媛县内海沿岸的村落，在被称为"巳正月"或是"坎月"即十二月最后一个巳日到午日的夜里，近亲聚在一起前往这一年去世的死者的墓地，生火烧烤这一天春的"饼"，或是兄弟间拉扯"饼"。这也是在迎接正式的新年之前，希望通过与死者的最后一次共同进食，一身清净地与普通人一样步入新春的一种斩断缘分的方法。我们"忌"的思想之根本，在于食物的共同享用。无论是进入"忌"的状态，还是走出"忌"的状态，都需要以特殊的饮食仪式加以明示，这是即使从现有的较为贫乏的资料中也能够大体得知的。

## 六

上面的观察是否能同样适用于"忌"的另一个重要的场景，即生育呢？可以看到，因为生育与死亡正好是相对的关系，所以食物分合的顺序也正相反，与生育相关的食物分合是以为产妇准备另外的饮食制作方式开始的。在平时的生活场所之外搭建"产屋"

的做法，如今只有寥寥的几处还例外地留存着，但传统的农家还是会另外设床，分用餐具，没有丝毫怠慢。生育的情况，除了接生婆之外，没有人主动参与其"忌"，所以问题较为单纯。一个问题是有关婴儿的地位，即首次来到这一世界的婴儿，是因为与母亲一同而沾染了晦气，还是婴儿有着自身独特的"忌"呢？近来因为"火晴"与"初诣"的仪式大致在同一天举行，而被人们认为是同一件事，但是否自古便是如此，是大有疑问的。需要注意的是，产妇的"忌"的食物由产妇的娘家提供，而婴儿的那份则是由孩子父亲家准备。"产屋"到今日也有不少是设在产妇的家乡的，这时孩子的食物由父亲这一方送去。相反，如果"产屋"属于夫家，产妇的饮食则由娘家送来。奥州的"待饼"虽然还没有听说是在哪一方制作，但远江①各郡称为"出振舞"或是"de gyo""yarai gyo"的，进入临月后用以祝贺的"饼"或是"赤饭"等，习惯上都是娘家送去的。山梨县被称为"yujyaku 祝"的"饼"或鲜鱼等礼品，也有着同样的性质，也是娘家的任务。这些都是在进入"产屋"之初，即生育之前赠送的礼品，绝非只是为了减轻夫家负担的经济援助，而是有着更为重要的意义的。

---

① 古国名，请参考附录二。

分娩之后，娘家要送来"腹饼"或是"肠饼"。有些地方是产后第七天，有的是产后第三天送到。用味噌煮好后让产妇食用的风习，起源应该是用以产妇血缘之由来的娘家的东西，来增强产妇的身体力量。纪州的一些地区称之为"汁沸饼"，播州称之为"汁饼"，近江①有村落称之为"走饼"。伊势②北部称为"手洗饼"的，是产后第三天分给近邻的小判③形状的小"饼"，也是由妻方娘家送来。所谓"手洗"，似乎与"产屋"有关系，有地区将为新生儿洗澡后提供给接生婆的简单的饭食称为"手洗酒"，也有地方将命名仪式当天的小规模宴会称为"手洗客"。似乎产忌与丧忌的不同之处，随着时间的流逝渐渐变得淡薄起来，这也许反映了出生的婴儿比其母亲更早被迎接到集团中去的习俗吧。

在古代的记录中可以见到的"产养"这一名称，今日在中部地区有所保存，而现在不少人将之视为产后探望的异称。伊势北部有称为"儿养"的由娘家准备的礼品，单看这一个事例，似乎新生儿也仰仗着母亲一方的供给，但实际这只是用来表示关心，婴儿的食物从一开始就是父亲一方的任务。"产养"如果按照我的想象，是迎接赤

---

① 古国名，请参考附录二。
② 同上。
③ 日本江户时代流通的一种金币，长形，两头圆弧状。

子来到人间的仪式，那么应该是名称略有不同地被广泛保存在国土的各个角落。例如，长野县的上下高井郡等地有"产立"的习俗，即孩子出生后，家人立即做饭，除接生婆外，还分给亲戚近邻等尽量多的人一起食用，但不包含男性。同县的北安县郡称之为"产饭"，也是希望共同食用的人数越多越好，据说这样孩子将来越能有出息。此时还要另外准备一份膳食献给"产神"，似乎就是新生儿的那份，在其饭上用手指戳出两个洞，以此祝愿孩子的脸上能长出酒窝。在备后的府中地区，"产饭"也是诞生时为新生儿准备并摆放的，据说女性吃了撤下后的这种饭可以多产。如上所述，除了母亲的营养之外，还特别为新生儿的灵魂供奉其并不食用的食物，这与死别时的情况十分相似。而这些按照惯例，材料都是由孩子所属的家里提供的。只是从古书中得知"产养"这一词的人，将之理解为连海仁草①。如果将这作为只吃母乳的新生儿的食物，是不现实的，因此大多认为它们是给产妇的食物。而实际上，即使是今天的国民，希望以此方式将新生儿的肉体和灵魂系留于这个世界的例子，也比比皆是。未能收集到这些民间资料的人，偶尔得知其一，反倒会以为其中有误。这样旧弊未改的态度，是我们应该摒弃的。

---

① 一种红藻，泻药，多用来驱除蛔虫。

# 七

与上面信州的"产立""产饭"同样的习俗，人们在下总的香取郡也可以看到。孕妇生产后，其家人立即召集近邻的女眷，分饭予食。此地是以米一升为限，但不知为何，称之为"一俵饭"。也许是与此前提到的九州的"一俵香奠"出于同一动机吧。甲州①的东山梨郡称之为"产饭"，也是产后招待近邻的女性，请她们吃"产之御饭"。据说来参加的人越多，以后越能子女兴旺。相隔甚远的熊本县宇土郡，也有被称为"产饭"的同样的仪式。不同的是另外将米饭盛上一碗，高高堆起，摆放在壁龛，进献给"产神"，而在一边的碗盖上放上较重的石块等，祈愿新生儿的头骨坚硬，由此可以看出这饭也是为新生儿准备的。同县相邻的下益城郡各村将之称为"产立饭"这一点，与北信州相似。做法是将包括首尾完整的全鱼在内的膳食供奉给神，也是在碗盖上放上圆形的石头，祝愿新生儿的头能长得圆，或是为了女孩子能有酒窝而在饭的侧面插上筷子或放上五十分的硬币。酒窝的说法也许是后来新添加的。死亡的时候，也在

------

① 古国名，请参考附录二。

"枕饭"上插筷子，其理由不明，也许是指定食用者的一种形式，告诉对象这是属于他的食物吧。

为刚出生的婴儿摆设膳食，这在灵魂信仰已经淡薄的时代，无疑显得颇为怪异。所以我们开始了"初食"仪式，在孩子渐渐会笑能爬的时候，摆设正式的膳食。在中国地区和四国地区，人们将之称为"百日"，最晚也有到孩子出生满一百一十天才举行的，但即便如此，孩子还是不可能拿起筷子。虽说是共同饮食，但却是想象中的，这一点没有变化。在我出生的家里，家人会在"初食"的托盘一角放上小石块，据说是希望孩子牙齿结实，能够咬碎小石子。最近我在信州的松本附近，听到当地人也似乎颇觉新奇地讲述当地有着在分娩的当天就摆设这种膳食、摆放小石块的习俗。我想随着采集的深入，像这样简单的事例，也总有一天会被人们看作理所当然的古风。

在这一原本的"初食"仪式之后，随着时间三日、七日的过，也有着各种小规模的共同饮食，以"锅割""瓶子落""神立""发垂""命名祝"等各种名称加以区分。首先，我想收集其名称、顺序，以及变化后的形式。有了这些，就可以得到充分的启示。按我的想象，应该大致是逐步延伸到关系较远之人，而且是开始只限于妇女，之后逐步将男性包括在内的。婴儿融入这个世界，有着若干的阶段。在孩子进入年轻人行列，成为"一人前"①之前，三岁、五岁或是七岁，其融入世界都有着计划中的进展。现今仍保留着的十一月十五日的神社参拜也是其中一部分。受到氏神的承认，或是进入"儿童组"，我认为都是"产立""产养"的延续。这些虽然并没有包括在本次的"诞生习俗采集"之中，但今后应该互相关联，予以考察。因为这是一个连续进行的脱"忌"的方式。

母亲的"忌"则与之相反，时期非常短。其天数不知何故，各地之间有着显著的差异，最短的地方只有十九日，最长的地方有七十多日。当然，其中还有着"卸枕""撒盐""秽尽"等阶段，直到期满母亲需尽量避开日光照晒，或是不能走入各处神社的鸟居之内。终了的日期对于女性而言十分重要，关于其仪式的称呼，我想已有很多的报告。全国性的常见名称有"火尽""火晴""火终""忌终"等，多与火忌有关。有地方称之为"产终"，普通话首先是"产屋 agari"。也有被称为"产立"的，"产立"一词有时也指产前的"腹带祝"仪式，其内容涵盖甚广。这与"产养（ubu yashinai）""产立（ubu date）"中的"产（ubu）"是含义难以说明的古代信仰有关。今后应该凭借精确的资料，重构这一单词指涉的概念。

---

① 指具有作为独立社会成员的资格。

我想女性"忌"的终点，在分娩的情况下也和死亡时一样，有着伴随食物的形式，但关于这一点，情况还甚不明朗。最近出版的中道君的《远江积志村民俗志》①中有这样的内容，即产妇在"土间"②以专用的锅进食。"鸟居参"当日，产妇召一邻家小孩，用一直使用的锅做饭给孩子吃，并不特别配菜；而这户邻家，也要以米饭招待产妇。这被称为"食离"，在此之后产妇便可以自由地与家人一同进食了。希望以往不被重视的此种小事，在本次的特辑中，也同此前的"婚姻特辑"一样，多多被大家关注。总而言之，我们的尝试绝不能只此一回便无下文。

（昭和八年七月 《旅行与传说》 "诞生与葬礼特辑"）

---

① 中道朔尔著，1933 年。
② 泥土地面的房屋。

# 关于"mono morai"①

## 一

　　在英国曾经有人揶揄民间传承的研究，说是"疣的科学"（Science of Wart）。嘲笑在那个国度前代文化已经没有什么值得称道的残留，所以像人们治疗疣的咒术这样琐碎而微不足道的事实都被当成宝贝，进行收集、比较。在日本，也许是因为世人还没有予以那种程度的关注，也许是因为还流行着其他同样无甚意义的爱好，我们的学问还没有受到这样的讥讽。但想必也有人暗自内疚，为是否应该顺应时势提出更为宏大的问题、展现更为远大的抱负而迷茫。

－－－－－－－－－－

　　①　睑腺炎的俗称。该词也有乞丐的意思，其中"mono"是物品，"morai"是讨要之意。

因为我们的注意力总有着朝向平凡事项的倾向。但幸运的是，日本还不是一个已经彻底变化，只剩下关于疣的俗信的国度。同一种方法随时可以用来解决重要的事情，并且只要肯去寻找，需要的资料总是有的。只是大的问题往往已经有人着手，而且多是无所顾忌、信口开河。为了令其收声，让人们听取我们的证明，须得尽量以此前不被注意的，最为司空见惯的事实为材料，来显示我们方法的健全及自然。疣的治疗方法如果作为目的，当然其研究无甚意义，但如果当作现在的事实，重视其中反映的已被忘却的过去，那么作为事例是相当贴切的。而且有时候表面看起来事小，实际却蕴含着重大的意义。不经过思考，事情的大小并不容易判断。在这个意义上，我想谈谈"mono morai"这个问题。

我们的祖先如何看待人生这件事，越是上溯越是模糊不清，但越来越清楚的一个事实是，他们的看法与今天我们的看法显然不同。而到底如何不同，又是如何变迁至今？对此，我们还没有太多了解的办法。一般而言，人生的两次重大的时机，即开始和结束、出生和死亡时展现出的语言与行动，一部分在记录及遗物上镌刻着痕迹，一部分则成为习俗传承出现在我们的眼前耳边。我们只能以此为线索，去"触摸"过去时代的思想及感觉。日本现行的文化中保存着许多古意，这也需要从另外的立场加以观察。在此想特别提及的是，作为限制人们现世生存，引导其走入另一个世界的最为常见的推进机，疾病自古就受到重视，其中一部分其相关解释很早就发生变化，随之其对策也以新易旧，而另一部分直到不久之前还是新旧混在，比如一方面采用了种痘的方法，一方面还要举行送"痘疮神"的仪式，两种思考同时存于其中。随着西洋医学知识的普及，旧的思维逐步被清理舍弃，而只有若干比较劣势的，人们不是特别在意的病害，如今还勉强残留着。这一点在任何社会都一样。在英国，疣的治疗无须劳烦医生之手，在日本，"mono morai""sora ude（空腕）"①"karasu no okyu（乌之灸）"②之类的毛病，也依然受着前代固有的病理学的支配。当然，这些与所谓大的人生没有直接关系，然而却能让我们去探寻深藏于其根基之下的原则。正如我家附近常常映入眼帘的有数百年历史的橡树，被砍伐后仅剩下树墩，只有上面长出的细枝才让人知道这是橡树。趁着连树墩也被连根拔去之前，抓紧去数数其年轮，这也许看起来是件小事，但却是我们认识它的唯一机会，也是仅有的方法了。

---

① 腱鞘炎的俗称。
② 口角炎的俗称。

# 二

"mono morai"并非古而有之的日语，相同方式的命名法却颇令人意外地广泛分布于全国。大槻氏在《言海》①中的注释是："mono morai，生于眼睑的一种肿包（眼丹），因仿佛乞丐伫立于门户而得名。"这一解说只有前半部分是正确的。使用这一说法的地区，似乎仅限于东京及其周围数县，但其他地区与之相应的称呼，也含有乞丐之意。按照近似的程度，可以列举如下。能登②的鹿岛郡称之为"me（目）morai"，长崎市外的饭香浦称之为"me（目）morya"，我故乡播州中部一般称之为"mebo"，又有人称作"me mora"。"mebo"这一称呼，在近畿地区的不少地方都能见到，山口县则称之为"meibo"，许多人对此会有"眼（me）疣（ibo）"的语感，但我认为实际这是"me（目）boito"省略了后半部而形成的，而"hoito"是在全国分布最广的指示乞丐的方言③。"me boito"这一称呼，在冈山县的各郡均有所报告。也有地方简称为"feto"，同时也有乞丐的意

---

① 大槻文彦编，1889—1891 年出版。
② 古国名，请参考附录二。
③ 柳田在此将"bo"看作"ho"在复合名词中浊音化的结果。

思。在相隔甚远的秋田县雄胜郡，也有"hoedo"这一称呼。以上这些名称是以与"mono morai"相同的理由而得来的，这一点毫无疑问。

此外，还有"me（目）kojiki（乞食）"这一称呼。其分布范围较为狭窄，主要是在信州的大部分地区。在更级郡是"me kojiki"，在北安县诹访是"me kkojiki"，在下伊那是"me konjiki"与"mono morai"并存。而在美浓①的武仪郡是"me kojiki"，在骏河的菴原郡是"me konjiki"。因此我们可以推测，在这些地区之间的区域，至少应该有一部分是知道这一称呼的。如果将"hoito""mono morai"都看作指示乞丐的用语，那么用这样奇怪的名称来命名眼睑上长出的细小肿包这一习俗，大致分布于半个日本。

我认为古人对这一微小疾病所持有的一般感觉，能够从这样具有特色的名称出发逐步得到认识。但在此之前，不妨将同一事物的其他命名也一并列举于此。因为如果说"me kojiki（目乞食）"等是中世以来的新词，那么其他一些也许是更早时代的日语的残存，能够传达出与此相联系的另一种古老的感觉。信州离关东地区最近的北佐久郡，称睑腺炎为"me（目）kago（笼）"，茨城县的下

---

① 古国名，请参考附录二。

总部也有"mei kago"的例子。作为治疗的咒术，当地人会将竹篓（me kago）拿到井边，一半映在水里，口中念道如果痊愈就将竹篓全部映到水中。他们的理解是因为有此习俗，所以有了这一称呼。但这仅仅只是众多治疗法中的一种而已，看不出与疾病的名称之间有着可以让人认可的紧密联系。所谓"kago"，应该原本就有指示此类单独突起的意思，与山药的珠芽（"mukago"或"mekago"）属于同一命名方法。

三

和歌山县的日高郡称之为"de bakko"，有田郡称之为"memora"或是"debakko"，与前文中的"me kago"比较接近，但意思不甚明了，难以进一步分析。这一词的分布范围略广，因为也有"me bachiko"的说法，这里的"hakko"或是"hachiko"①，也许就是由表示乞丐之意的"hachi"一词变化而来的。北边相距甚远的宫城县石卷，用"baka"来指称眼睑上长出的小肿包，这与上面起源应该完全不

————————————

① 柳田在此将"de bakko"中的"bakko"和"me bachiko"中的"bachiko"分别看作"hakko"及"hachiko"在复合名词中浊音化的结果。

同。"baka"除了指蠢人以外，在东北以及越后地区，还指令人讨厌的东西。其显著的例子是腺梗豨莶或是尖叶长柄山蚂蟥等的草籽，因为粘在衣服上之后就非常难以除尽，当地便用该词来表示它们。眼睑上的"mono morai"，也许是因为用这个词来咒骂以使其不能近身，所以才有了这一称呼吧。

称呼较为污秽的例子，是长崎县五岛的"in no kuso"，壹岐也同样称作"犬之粪 inu no kuso"[①]。冲绳县的一些岛屿也有着"in no ya"的称呼，原本类似的别名曾分布于较为广泛的区域。鹿儿岛县称之为"inu more"，即"inu（犬）morai"，与其他地方的"me（目）morai"自始便有着关联，或许是由两个来源不同的词合并而成，反正其现存的治疗咒术与其他地方十分相似。后面我还会详细讲到这个问题，总之这样一些出人意料的名称正是我们的线索。即使我没有发现，在将来，此前未曾知晓的事也一定能因这一方面的收获，渐次为大家所知。

最后要提到的是，奥州有一个表示睑腺炎的方言词，特别令人费解。它就是"nome"。在中部，该词从甲州的富士川右岸开始，一直断断续续分布到北端，应该也是较为古老的形式。福岛县的相马

---

① 柳田在此将"in"看作是"inu（犬）"中的"u"音脱落的结果。

地区，会津的喜多方附近，也称之为"nome"，两地的治疗方法都是将一粒小豆投入井中，口中念着"啊，把 nome 搞丢了"。宫城县的广田边地区，也称之为"nome"，治疗咒术也与此相似。仙台也与石卷一样，有"baka"的称呼，也称之为"nome"或是"no hirume"。秋田县北秋田郡的"meba"、平鹿郡的"meppa"都与关西地区的"meba-tiko"相近，同县河边郡的"mono mori"或是"kuwa no mori"，令人联想起"mono morai""inu morai"等称呼。唯有旧南部领下的鹿角地区称之为"nome"，治疗方法是将糯米的稻秸打结后在火上烤，直到发出爆裂声。青森县的野边地附近的"yonome"，现在多解释成"uo no me"①，我认为这是后来改订的，是"nome"这一词的本意渐渐模糊的结果。这一词原本的动机应该并不复杂，在这样的比较之下，总会水落石出。按我的想象，有两种可能：一个是从"野目（nome）"而来，因为是在野外劳动时患上的眼疾；另一个是来自"nomeshi koki"，因为东北地区一般称懒惰者为"nomeshi"，有时也用以称谓寄居者，也许与此有关。信州的诹访地区称懒惰为"nobe"，江户也有"nonben darari"的称呼。但也许其起源完全不同。

---

① 汉字写作"鱼之目"，指鸡眼。

# 四

终于轮到解说"mono morai"这一词的由来了。首先,《言海》所谓"因仿佛乞丐伫立于门户而得名"的说法,还是不要相信为好。因为在治疗此种肿包的法术之中,能够找到更为具体的根据。新的病理学似乎对此病症全然未予关注,但想来此种小病,所谓"目乞食(me kojiki)"的原因,除了灰尘、烟雾或是家中不洁之外,还有着过于劳累、体力衰退等带有些心因性的要素。对此,我希望能够设法以实验来证明。只是因为不是大病,无须烦劳医生,是无法解释为何在全国范围内有如此多种多样的土方咒术的。想来,一方面是此病对于在田间劳作的人而言甚为烦心,而另一方面,患病后有时可以迅速消退,有时却拖泥带水,迟迟不愈,所以才使得缺乏学理的众多所谓治疗方法被发明创造并且相互传授吧。在所谓"治病不吃药"流行泛滥的今天,这是值得专家们好好思考一下的问题。

闲话少提,总之睑腺炎的治疗方法中,有着新旧数种甚为奇特的方式相互交织着。前面提及的日本东北地区将小豆投入井中的做法,本属于纯粹的心理安慰,但似乎也有效果,一直流传到了远方。在东美浓的洞户村，据说要悄悄在不为人知的情况下将小豆投入井中。在周防①的某地，则是将小豆夹在眼睑下向井中观望，让其自然落入献给井神便可痊愈。也许此种咒术中，井的作用比小豆更为重要，因为萨摩②地区的做法，是早上早起，将一半眼睛映在井水中，嘴里念道"我保证治好 inu more 后让你看到整个眼睛"（《民俗学》2 卷 5 号）。在五岛的福江，是将笊篱放到井边映入一半，承诺病愈后将之全部映入（《五岛民俗图志》）。在信州诹访，使用的是筛子或锅盖（《旅行与传说》7 卷 3 号），而北佐久郡的"me kago"的咒术也使用锅盖（《北佐久郡志》），映入一半这一点都是一致的。

其他比如在能登地区，有将和服的下摆打结，或是请作为末子出生的人（男性找女性，女性则找男性）一边念念有词，一边将之拴住的咒术（《鹿岛郡志》）。所谓拴住"me morae"，应该是用稻草的秸秆在眼前打结，鹿角郡的"nome"的咒术中也有同样的做法。请性别相异的末子打结的方式，腱鞘炎（"sora ude"）的咒术中也有许多例子，或是说要从纸隔扇的破洞中伸手去做，都是为了确保咒术

---

① 古国名，请参考附录二。
② 同上。

的效果而已，关键还是在于打结这个动作。

此外，所谓以火烧或烤，是与井相对的做法，也就是说或者以火，或者以水。相模平原的村落的方法，颇为奇异。即按自己的年龄摘下茶树的叶子，一枚一枚在火上烘烤后揉按长了肿包的地方，然后收集起来一并弃于十字路口，头也不回地返家(《旅行与传说》6卷11号)。信州的更级郡所谓用针刺桑树的嫩芽(《乡土》1卷4号)的做法，应该与此有一定关联，但后者主要是从嫩芽这一意象而展开的相似咒术吧。诹访还有用拿被火烤过的梳子摩擦眼睛的做法。在纪州的日高郡，也是将梳子烤热之后，用梳子齿假装去扎眼睑(《乡土研究》1卷11号)。在大和的新泽村，是将梳子在榻榻米的边缘摩擦热，然后用其接触眼睛(《田舍》2号)。萨摩这个地方则是一边用梳子在榻榻米的边缘摩擦，一边念叨"inu more、inu more"(《民俗学》2卷5号)。特别需要梳子这一点，一定有其理由。使用稻秸时，往往需要一些特别的稻秸，比如鹿角地区强调是糯米的稻秸。在仙台，有使用混在墙壁中的稻秸"suta(或 susa)"轻轻地在痒处戳扎的做法(《浜荻》)。在长崎的饭香浦，以混在灶台土中的小段稻秸，即所谓"荒神的胡须"，来摩擦眼睛。而在壹岐，则据说用草鞋的鞋跟部分去扎眼睑便可治愈睑腺炎(《壹岐岛方言集》)。

# 五

　　以上数种的无药疗法，虽然与"mono morai"等名称没有直接关系，但每一种都是宝贵的经验，在思考使其得以广泛采用的根本源头上，有着参考价值。简单地说，我认为，此名称的根据正在于"mono morai"只要如此便可治愈，若不如此便无法痊愈这一点上。在进入正题之前，请先允许我稍微岔开一下话题。农家在插秧的剧烈劳动之后，常常会患上各种眼疾。其中之一，在日本东北地区被称为"me（目）boshi（星）"，即在眼睛的眼白与眼珠的交界处出现两个甚至三个斑点，冈山地区被称为"marouto"的似乎也是同一症状。我的一个熟人的母亲，住在福岛县的白河附近，精通去除"me boshi"之术，每年插秧季节结束，总有无数男女从邻村赶来求治。这种病完全是由疲劳所致。我曾私下询问过治疗之法，回答是让患者脱衣露出肩膀，一定能看到皮肤上长出粟米粒状的东西，将之挑出时会牵出白丝，只要弄断白丝，眼中的斑点也将随之消失，这个方法叫作"me boshi（目星）nuki（拔）"。我听后感到甚为新奇，屡屡与人说道，但听者中有人表示，"me boshi"的治疗与粟米粒状物之间应该毫无关系，身上经常会长出这种粒状物，挑出时也很可能带有白丝，而相信这种现象与"me boshi"有某种特殊关联的人，其认为白丝断了"me boshi"也会消失的心情，最终成为了治病的力量。这些已经在我理解的范围之外了，但从结果来看确实是这样。冈山地区的"marouto"的疗法也与此类似，一般是在背上放上一文钱，让人从钱孔中烧灸（《冈山文化资料》1卷4号），我想也应该是在背上有粒状物的地方放上钱币，希望今村胜彦君等人再次确认一下。据说也有按照长出"marouto"的日数，吞下相应数量山椒粒的做法，对此我们需要采集更多地区的实际例子作为参考。

冈山地区的"marouto"虽然也有人称之为"maruto"，但其起源应该是表示客人之意的"marauto"，应该是在"marauto"这一词还在生活中实际使用的时代便已出现的名称。而另外的称呼如"hoito""me morai"等，也可以断定其出现年代不会在其之后。因为这两种名称，原本极为相近。同作为外人参与别人家的饮食，站在门口接受分配的是"hoito"（乞丐），而坐在饭桌前一同享用的是"marauto"（客人）。如果用来称呼眼睑的肿包的名称，只要其中一个确定下来，那么另一个以此类推，或是出于游戏心理，也能自然成为一种称呼。而关于"mono morai"这个称呼，正如我下面将要说明的，成为其命名根据的风俗现在依然存在。也许可以说《言海》的注解方式更适于"marauto"的情况，但即使是"marauto"，以我的推测，也是曾

经有过同种风俗的。这一想象是否正确，有待将来其他地区信息的
采集来决定。

# 六

　　"mono morai"这一名称，实际上是以去别人家讨要食物而作
为治疗方法的习俗而来的。这一习俗分布范围相当广泛。在岐阜
县东部，有种说法是到邻居家讨茶喝下便可治愈睑腺炎(《洞户村
志》)。在长野县无论是诹访还是更级郡，人们都说到别人家从纸
隔扇的破洞中伸手讨要饭团子吃后，"me kojiki"即可痊愈。长崎
郊外的渔村的咒术，是讨要有三对夫妇的家里进献于佛龛前的米
饭来吃。这与所谓双亲健在的异性且为末子等规定一样，都是为
了保证此种方法之效果的一种限定。实际上是一些人对古来的做
法产生了几分不信任，即内心开始为"只是请他人分与食物真有如
此灵验吗"感到不安而添加的若有其事的条件。所以有着为数众多
的更为简单，或是通过其他方式来讨要食物的例子。秋田县的雄
胜郡，有着从三家讨要食物来治疗"hoedo"的做法(《民俗学》2 卷
9 号)。在信州，诹访地区有着讨三家或是讨七家的习俗。下伊那
地区则说在不过桥的前提下，从七家讨要稻米，做饭食用，便可

治愈"me kojiki"（井上福实君报告）。北安县地区除了从纸隔扇的破洞伸手讨要点心食用外，还有在不过桥的前提下从三家讨要食物，或是从专职的乞丐那里讨要米饭的方法（《北安县郡乡土志稿》卷4）。冈山市附近有被称为"七轩物"，即从七家讨要稻米的做法。而更为奇特的是到路上找一名乞丐，向其行礼，或是口念"饶了我吧"，又或者是拿四个饭团子施舍，"feto"即可治愈（《冈山文化资料》1卷4号）。将这些各地间略有差异的例子进行比较，最初的要点何在，哪些又是后来的变化，不用加上过分的推测也可以自然分辨出来。

值得注意的是，与今日所谓"morau"①正好相反，即使是从自己这方分与食物，也有着同样的效果。也就是说，重要的在于与平日并不共同饮食的人一起享用食物。同龄人去世时的"塞耳"饼、从"产屋"之忌中解脱出来时的共同进食、有大事时做豆沙包之类的分给别人家的习俗、还有更大规模的请客摆酒、春之初被称为"oban"的聚餐等，此种事例可谓数目众多、数不胜数。按照今天的感觉，取之于人和予之于人，一入一出，相差甚远，但前代的逻辑却对此毫不在意，只是将重点放在众人一同进食上，这一点颇令人愉快。

---

① 动词，现代日语中指从别人那里获得。morai 是与其同根的名词。

此前以"hogai bito(乞儿)"这一名称而广为人知的乞丐的社会意义，以及《糠塚》《米白川》等传说中出现的"长者"（富翁）的性质，都需要从这一立场重新审视。"长者"的特点一言以尽之，就是富有。京城暂且不论，从前在农村，为人之主者希望仅自己锦衣玉食，是不可能的。持有无数的粟、稻、酒、盐、布等财物，能与众人共享，这既是富翁的力量，也是其力量的源泉。天真地认为没有这些条件的人之所以蜗居于陋室，困扰于贫病，都是因为结合的力量不够，也是颇为自然的事情。事实上，无论是狩猎，还是防御敌害、兴建水利工程，孤立的努力每每只能化为徒劳。作为一般人，即使无法一劳永逸地免除病痛，至少对于不时来临的难以忍受的灾厄，能与"长者"处于同样的地位加以预防，这也许就是过去关于健康及卫生的观念。于是，所谓同门之谊、父子兄弟乃至主从眷属的结合，共同饮食都是最主要的条件。也正是因此，才将同样的方法用于眼疾"mono morai"的治疗。

七

我的这一想象绝非空穴来风，因为此种咒术的原型有着十分广泛的目的，并且包含着事前的预防在内。相州津久井地区的"七轩乞食"，是"mono morai"的别名，据说从七家讨来面粉，做成面团烤着吃，可以治疗眼睑的肿包(《相州内乡村话》)。信州的诹访地区的以下做法，即在不过桥的前提下从七家讨来稻米，独自煮食，不仅可以治疗"me kojiki"，也可以治疗疟疾。同县北安县郡的"七轩 morai"，是治疗胸痛的疗法，即从七家讨来柴火煮饭食用。纪州的有田郡是限定于正月十五日，在不越山谷不过桥的前提下拜访七家，讨要当天早上的剩粥食用，据说连难治的宿疾都可以治愈(《有田郡年中行事》)。在鸟取县八头郡的山村，除了平常为了治疗"me boito"而向七家讨要食物之外，特别要在正月十五日从邻居七家讨要小豆粥食用，据说可以预防痒夏(《旅行与传说》6 卷 4 号)。熊本县的阿苏地区也有同样的俗信，有人特地在正月十五日做一天乞丐，来坚定自己内心的信仰(《乡土研究》7 卷 3 号)。正月十五日是所有方术最常利用的日子，用古话说是"生日足日"①，这一点已经在年节活动的研究中得到了证明。不紧急的咒术，选在这一天，是为了安妥。大隅半岛的"nanatoko(七所)zosui(杂炊)"，萨摩的甑岛的"nana(七)jushi"等，都选在"七草粥"的这天②，也是出于同样的

① 即事物欣欣向荣，充盈吉祥之日。
② 正月七日。

理由吧。"七所杂炊"，顾名思义，也是"七轩 morai"，也许由于七日这个日子并不是十分贴切，大隅地区更是限定于年满七岁的小孩来讨要食物。种子岛的"七草正月"也同样，是年满七岁的孩子在家长的带领下，向除自家外的六家讨要"杂炊"。而这一天夜里，女孩子开始用腰带来代替此前用来系衣服的绳带，表示已经正式进入儿童阶段了(《民族》2 卷 2 号)。我认为这也是后来限定的。因为日本东北地区在正月十五日前后有被称为"cha sego"的讨要食物的习俗，而仙台地区现在也有母亲为刚出生的婴儿穿上与参拜神社时同样的正式服装，背在背上，拜访七家讨要"饼"的做法，与其他地区一样，拜访之时口里也要念道"从吉祥方位来 cha sego 了"，据说这样可以消灾解难(《东北之旅》7 卷 1 号)。在小正月的前夜去各家敲门讨"饼"的风俗，遍布全国，各地有着"kapa kapa" "cha sego" "kasegi dori" "kasa tori" "hoto hoto" "tobe tobe"等十几种异称，已是广为人知。至于目的，有的是重在祝福各家平安幸福，有的是主要出于访问者自身的需要，各自的范围可谓犬牙交错。冈山县北部的"koto koto"，主要出于正当厄年①的男女的心

———————

① 日本人认为男性虚岁 25、42、61 为"厄年"，女性虚岁 19、33、37、61 为"厄年"，前一年为"前厄"，后一年为"后厄"，这几年灾厄较多，时年不顺，需要特别注意，并采取一定的方法消灾解难。

愿。而四国的大部分一直到中国地区的"粥钓"，其名称也是从"七轩乞食"变化而来的。

这恐怕便是前代乞食的原理，原不是单纯的饥饿对策，对此还能从各方面予以证明。石城地区的村落中，家里祭祀着"sinme sa-ma"（o sira sama，大白神）的，往往是颇为殷实的旧家，家里主妇的一项颇为麻烦的工作，便是需要定期去村中各家"hoito"（乞食）。如果偷懒不去，神灵便会出现在梦里催促"快去快去"，如果还是不听，便会生病（涅夫斯基君报告）。居住于山口县西部的一名盲人，曾为治疗眼疾而去出云地区的一畑药师处许愿，往返均是徒步，每日至少需要乞食七次，实在是一种艰苦的修行（樱田君报告）。也许这也可以从佛法的教理加以说明，但在其信仰未曾触及的地区，我们也能看到与人共享食物以接受或是给予力量的"奇风异俗"。而似乎这还并不仅限于食物，我们从陆中①、美浓与最西端的对马岛这三处都有着"七所铁浆"的风习这一事例便可得知。"七所铁浆"即女孩首次将牙齿染黑时，一定要拿着自己的壶，去各家讨要"铁浆"。

--------

① 古国名，请参考附录二。

# 八

　　为了日后解决该问题，我想在此就应是其中心的"morau"这一日语中蕴含的心情，做一番考察。"morau"在近世用途甚为宽广，甚至有人在所有含有"被允许"的意义上使用该词。但我认为其最初的意义，应该与"taberu"（食用）转化而来的"tamawaru"（承蒙、赏赐）一样，主要限于食物。奇怪的是，该词并不见于中世以前的文献，应该是在更早的时代有另外的词语来表达这一古来的思想吧。为何会产生这个新词，目前还难以解释，而能够给予我们一些暗示的，是至今还保留在日本东北地区的一种用法。能听到这种用法的机会，是在婚礼或是亲家之间交往之时，男方与女方都互相敬称对方为"morai dono"①或是"o morai sama"。在粗陋的方言集中，常常有注释说"morai"是指女方，这完全是受了"yome（嫁）wo morau"（娶妻）②这样的用法的束缚，该词不是只限于指示某一方，而是相当于汉语中的"姻戚"。也许该词的意义的范围更大，也包括今天所

---

① "dono"汉字写作"殿"，一种敬称。
② "wo"是助词，用在名词后，多表示后面出现的动作的对象。

谓"keyaku"即密友在内。在佐佐木君①采录的昔话集中，动物之间互相称呼时说的是"螺 morai，救命（田螺君，救命）！"。"morau"的这个名词，正是符合曾经一同饮食者，即《字镜》《下学集》中的"餬，寄食也"这一本义的词。要打交道，需要同饮共食，尤其是通婚，这一点更为彻底。无论是夫妇，还是双方的家族，饮同一壶酒、吃同一锅饭，是必要条件。这便是"morai"的行为，后来参与者以"morai"互称也是为此。乞丐的"morai"，则是将此行为当作专业的工作，也因此在之后有了新的动机，但即便是乞丐之中，出于临时需要而暂时采取这一方式的人，也源源不断。这一词汉字写作"啰"或是"贳"的理由尚不可知，总之"morau"并不全是卑劣下贱的行为，有时是填补对方精神上的欠乏，有时是表达自己一方的好意，与所谓"嗟来之食"不可等同视之。也许该词与"moai"②一词有所关联，即使并非如此，至少与"moru"一词应是同源的。通过食物，在多数人之间创造出不可分割的关系，这是人类社会交往的最原始的方式，而人们通过这种方式变得心里踏实，能够较为容易地摆脱由孤立的生活带来的不安，获得自信。治疗眼睑长出的肿包，是微不足道的，但

---

① 应是佐佐木喜善。
② 即"moyai"，日本农山渔村中对共同所有、共同劳动、共同分配的方式的称呼。

潜藏其中的思想却十分重要。已经被日本人遗忘，如今只能感到寂寥却难以言表的某些东西，还在这一方面坚持着其微弱的声音。只有敢说还有其他方法可以捕捉其声的人，才有资格看轻我们"folklore"的学问。若非如此，还是赶快收起你们的嘲笑吧！

（昭和十年六月 《旅行与传说》）

## 附　记

　　客人被称为"maraudo"，源自《和名钞》的"末良比止"。"maraudo"原是"稀人（mare bito）"之意，用来称呼客人已是今日的一般共识了。但我对此不愿盲从。因为若是如此，那么宴请邻居村人之时，应该另有别的说法。如果说"morau"是指从他人或是别人家分得食物，那么有必要思考其与"mara hito"的关系。伊豆的三宅岛称"morau"为"mura"，御藏岛称之为"mara"，也许客人就是"marau"之人。称乞丐为"morai"的说法，在今天依然以"o morai san"的形式存在于东京，在日本东北地区，也有不少称之为"more"的例子。北村山郡称乞丐为"hoedo"或"morae mosu"。"mosu"即"申 su"①，应

---

　　① 动词，"说"的自谦语。

该是乞丐站在门前乞食时口里这么念而得名的。"morai bito（人）"在茨城县分布广泛，除了指拜求怜悯的穷人，也用来称呼不知正月之始从何而来，口念"打春田"①的祝词，讨要米或"饼"的人。当然这些人会隐去自己的来历和姓名，据说到各家讨要后能够一年不为作物而烦恼（大间知笃三君报告）。美作②、备中等地正月的"koto koto"、奥州仙台附近的"cha sengo"等，全国有很多与此相同的习俗，本文中也介绍了其中几个主要的。出云的能义郡，在旧历十月亥子日之夜，要从别人家讨要稻米，祭祀"muko 神"。用这些米做成小豆饭，供于神前，自己也食用（《广濑町志》）。在尾张③的日间贺岛，无论是父母故去还是子女夭折，为了其能超生，死后四十九日内，必须要去乞讨，哪怕只是讨来一小把盐（濑川氏报告）。在佐渡岛，绕岛一周的旅行被称为"巡礼"，其实沿途并无什么像样的堂社，其目的不如说是以沿路乞讨来坚定其信仰之心。无论是"三十三番"还是"八十八所"，无不伴随着沿途乞讨这一苦修，坚持这种"morai"的生活便是一种信仰的修行。而此种修行者与穷困潦倒的乞丐之间发生混淆，应该是由于后者对前者的模仿吧。"kojiki"一

---

① 正月里模仿一年中种植稻米的过程，预祝丰收的仪式。

② 古国名，请参考附录二。

③ 同上。

词按照我的理解，并非汉字"乞食"的音读，而是与"katai""kattai"同一个意思，指因为患恶疾而无法生活自立的人。将之与信仰修行的"morai bito"混为一谈，确实是令关于食法与语法的古老的心意埋没杳然的原因。"morau"只是与人共同饮食之意，而与此相对，关于"moru"，有着"酒 mori"（酒宴）或是婚礼之后新娘主持的"御茶 mori"。在壹岐，"头屋"①提供"讲"②的住宿被称为"御讲 moru"，提供"无尽"③的住宿被称为"无尽 moru"（《续壹岐岛方言集》）。更为仪式化的"mori koboshi"④的活动，在各处均可见到。例如，常陆的多贺郡，两年或三年举办一次被称为"庚申大供养"的活动，制作大量的"强饭"和"甘酒"⑤，到大路上分与路人食用。庚申祭祀无论在何处都有着米饭大胃王的比赛，而其他节日也有不少是特地要多做一些食物，硬塞给路人吃的例子。无论是信州的东筑摩，还是日向的南端，都有着因此而将乞丐撑死（mori koroshita）⑥的传说。为别

---

① 祭祀等活动采用各家轮值形式时，负责的那一家称为"头屋"。

② 日本民间的集会形式，其目的及名称多种多样。

③ 日本民间一些特定家庭每月聚会饮食一次，并各家出钱集中积存，供成员家庭急用时贷款的一种形式。

④ "koboshi"是溢出的意思。

⑤ 酒精含量极少的浊酒。

⑥ "koro（杀）su"是动词"杀"，"koroshita"是其过去时态。

人提供酒食的行为，现在被称为"ogoru"，但原本应该是"omoru"，下一篇我将专门谈论这一问题。"omoru"这一称呼，在静冈附近，以及大和的宇智郡都能见到，并非只是名古屋一地的新奇说法。

（昭和十五年一月）

# "酒 mori" "盐 mori"

　　初到东京最先记住的，是动不动就指望别人请客吃饭的人常挂在嘴边的"ogore、ogore"，对于当时的我来说是非常新鲜的说法。本来是"书生"①之间的流行语，却让人感觉是从什么地方的农村带来的说法，但其实从前江户的时髦分子，也经常用"ogoru（奢 ru）"这个词来表示在酒食上花钱。这两种用法应该是有某种联系的，但并非是同样的意思。如果加以注意，也许能够从近世的文艺作品中，发现这一用法变化推移的痕迹，但并不存在仅仅在请人吃饭的情况下使用"ogoru"的用法。

　　东京是个讲究饮食的地方，在酒食方面存在种种奢侈（ogori）的

---

　　①　指日本明治、大正时代寄居于大城市殷实人家，以帮助做家务来代替房租和饭费的农村出身的大学生。

现象，这是事实。然而单单将向他人提供饮食称为"ogoru"的理由还不明了。不久前有人送了我一本名古屋的女子师范学校编撰的《爱知县方言集》，其中提到东京年轻人说的"ogore"，在名古屋市的说法是"omorya"。也许这两个说法只是碰巧相似，将来有人能证明所谓名古屋的"omorya"只不过是"ogorya"的讹音，那么我的想法也就只是一种臆断，"ogore"出自"omore"的假想也就难以成立了。但至少"moru"这一动词，能够更好地表达本来的心情。对此，我有证据。虽然今天已经不常使用了，但"moru"原本就是"供人饮食"，即与他人分享食物之意。

古老的用法，还保留在"doku（毒）wo moru"（下毒）、"kusuri（药）wo moru"（喂人吃药）等说法之中。一些辞典中对"moru"的解释是"指装入器物之中，使之充盈，后也转指让人食用其中盛放的饮品食物"。这种解释，是从其汉字表记"盛"字的文字说明入手的，而实际生活中的用法要广泛灵活得多。例如医生开药（"药 wo moru"）这一说法，完全不涉及什么盛放的器物。"酒 wo moru"（劝酒）的说法如今已不常见，但依然以复合动词"mori tsubusu"（灌醉）的形式得以保留，而自古以来就没有将从酒壶倒入酒杯的动作称为"moru"的。

日语将酒宴也称为"saka（酒）mori"，这里的"mori"，只能是提供之意的"moru"的名词形式。《旅行和传说》的"婚礼习俗"特辑中曾有报告说，在奄美大岛的祝言之日有主客一同舔盐的仪式，被称为"盐mori"，另有"水mori"一事。这些都以鲜活的实例向我们展示了"mori"的本意即为饮食的分与及共同享用。用汉字的"盛"字来表记"mori"，自从源兼盛、平清盛的时代①便已有之。也许按照文字学家的说法，"盛"字乃器物中载有食物之象，是后来分而食之的基础。但我们不妨再追问下去，"moru"的目的又是什么？在中国恐怕也是为了敬献神灵，或是向宾客提供自家的食物吧。而在日本，为此并不一定需要像样的容器，若是旅途之中，甚至可以只是米楮的叶子②。应该是在向人提供（"moru"）食物这一形式稳定下来后，才渐渐讲究盛放的状态，比如高高堆起如同小山。我想汉土的"盛"字，恐怕也经历了同样的意义转变吧。

问题是另外一个被称为"moru"的动词，即采摘树上的果实之意的"moru"，是否是同一词语分化而来呢？在"群鸟采食（mori hamu）朴树果"③这一古诗中被吟诵的"moru"，如今在南岛各地依然被使用，在中国地区也以"boru"的形式残存着。两者之间最大的差异是，前面提到的彼"moru"是指甲将食物分与乙，而此"moru"则是

①　指平安时代。柳田这里的关注点是他们的名字中都带有"盛"字，读作"mori"。
②　出于《万叶集》中有间皇子所作的和歌。
③　《万叶集》和歌中的一句。

指按照自己的愿望任意取用。如果我们上溯到自然物产最为丰饶的时代，想象先有无主与所有之界限混沌未分的状态，先出现了私有观念，之后才伴随种种的消费，那么不但这两种"moru"的意思远比今天要接近，而且也许"守（mamo）ru"中的"moru"也原是与这二者有着相同的源头，到后来才出现意思的分化，并各自发展至今。

对此虽然还难以轻易断定，但至少"moru"这一动词的出现比器物更为古老，木碗、小碟等器皿不如说是因其需要而在后来被发明制作出来的，这一点我十分确信。等到餐具渐次丰富起来，这个词却被限定在容易看到的外形之上了。但在我国，其最初的目的绝没有消失，在极为特殊的情况下，保存了明确证明"moru"的本义即为"侑（susu）meru"（劝人饮食）的例子。尾张名古屋的"o morya"便是其中之一，也许今天年轻人嘴里的"ogore、ogore"，只不过是对这样的地方语言的并不成功的模仿。总之，这样的语言能有所保留，是再幸运不过的事情，也希望大家不要轻慢以待。

"moru"一词的使用频率，即使在今天也并没有减退。像日本人这样总希望与别人一同饮食的民族，甚为少见。现在用来代替"moru"的说法中，最常见的是"go chiso（御驰走）suru"①。"驰走"这一

---

① "suru"本身是做、干的意思，在日语中很多名词后加"suru"可创造出相应的动词。

汉语的本义颇为宽泛，大致相当于今天的"款待"。实际在农村，即使是接受食物以外的赠予，说"gochiso sama"的也大有人在。而说"tabesaseru（食 saseru）""kuwaseru（食 waseru）"①显得颇为失礼，用"ageru（上 geru）""wakeru（分 keru）""dasu（出 su）"②又无法精确地表达出主客共食的心情。就这一点而言，我们的国语是有些退步了。到底是什么原因使得我们放弃如此需求旺盛的日常用语，而用别的词语来代替，这是一个很好的研究课题，但日本的语言学还尚未成熟到能够回答这样的问题。"moru"被其他词语替代，是因为使用过于频繁而使其印象不再鲜活，还是因为大家相互间都对对方的心情了如指掌，无论替换为怎样的说法都并无实际影响？总之，越是重要的词语，越是变化迅速，难以保留古老的形态，这一小小的"moru"绝非孤例。又或者是因为过于普及而变得流俗和轻慢，无法表达出尊敬恳切的心情了，所以"moru"才渐渐消隐。但另一方面，应该是其被动形式的"morau"这一动词，却在京都大阪流行起来，甚至可以说有些泛滥成灾。在东京，人们总感到"morai masu"③的说法比较随意，所以逐步改为"mite itadaku"（请看）、"itte chodaisu-

_____

① 这两个词是表示吃的动词"taberu"和"kuu"的使役动词，意为"使吃、让吃"。
② 这几个词都有"给"或"分给"的意思，但使用范围不限于饮食。
③ "masu"是礼貌语中动词的词尾。

ru"（请去）等颇为奇妙的形式。但细想之下，这也是此一时彼一时而已。在当初"moru"和"morau"还在同一水平时，对地位高于自己的人说"shite moraimassa"（请为我做）也许会感觉有些失礼，但之后也有着自认卑下而使用"morau"的时代。如果将"moru"一词变得陈旧过时、不复优雅，视为给予的一方变得傲慢无礼、盛气凌人之后的变化就不难理解了。在"morau"几乎变成口头禅的近畿地区，"moru"一词无法流行，也许正是因此。这是敬语的变迁这一复杂现象的一个片段，也是只有日本人才能够予以说明的颇有趣味的问题，是其含苞待放的"蓓蕾"。

　　称乞丐为"morai"的用法，在江户初期的文学作品中已经可以见到，京都地区也曾甚为常见。在今天的方言中，只有在喜界岛这样边远地区的农村才能见到，在中心地区早已经分化为"o morai""mono morai"等特殊的形式，而即使这样的残留也正在变为死语。颇为难得的是，在日本东北地区，"morai"至今仍然明确地保留着"亲戚故旧"的含义。佐佐木君的昔话集中，动物之间的互称都是"猫 morai""蛙 morai"等。近来在普通的对话中，"morai"已经被"keyagu（契约）"一词代替，也有了"oi, chimi（君）"[1]等新的叫法，但在比较郑重的场合，至今也还使用着"morai"一词。岩手县的《衣

----

① 相当于"喂，叫你呢！"。

川村志》中"o morya，即御诸亲，指新郎的双亲、娶亲当天与新郎一起到新娘家中的人"的记录，并非新的发现。数十年前成书的仙台方言集《浜荻》中已经有"moroya，又称为 moro oya（诸亲），新郎之双亲，新娘之双亲，相互称以诸亲"的记载。这些记录想来是因为只有婚礼的场合才需要这样的称呼，故而认定只与"亲（oya）"有关，不用于其他亲戚，而在当地"moroya"极个别的情况下也会说成"morya"。但一方当面称另一方为"moro oya"，实在无此可能。也有旁观者认为该称呼限定在今天的所谓"morai kata"，即将媳妇或是女婿接进家门的这一方。但事实上当事人是双方互称为"morai dono"的，所以这种理解也颇为勉强，有些牵强附会。

这都是"mori""morau"的本来意义，即双方通过分享同一种食物，将其摄入体内，而新创造出肉眼无法看见的联系这一目的，在不知不觉间被淡忘的结果。又或者是更多的人将"morau"理解成一味自我卑屈，任由对方跋扈的行为所带来的结果。虽然这些习俗只剩形骸，但日本东北地区还保留着其当年的影子。而我，希望能将这一古老习俗重新唤醒，让其至少成为我们精神上的食粮。居住于泉州①堺市这一历史悠久的港口的诸君，最近经常说"morai tai"（想

---

① 古国名，请参考附录二。

获得)①我的稿件。我有着关于前代的浅薄知识，以及与之相关的少许想法。以前只是独自回味，但既无益于身心涵养，也无助于益寿延年。希望能通过此篇小文，尽量多获得些同学共进之辈，即日本东北地区所谓的"morai dono"，将之变为更有意义的人生事业。当年的平家，代代在其名中设一"盛"字，以期一门之繁荣，也曾得偿所愿。若不是出现了净海、入道②这样墨索里尼式的人物，也许能更加兴盛。而如今在南海之滨的岛上，还生活着据称是其后裔的岛民。有朝一日，我们定将聚集他们曾百般期待的强有力的"morai"（伙伴），摆设此国家学问知识的盛宴，而在此之前，无论个人怎样刻苦勤奋，恐怕也无法免除只是出于私欲的指责。因此，"moru"（分享）是我们的一种深深的乐趣。希望诸位千万不要将其错认为是"ogoru"（请客）了。

（昭和十一年三月　《口承文艺》）

---

① "tai"接在动词的连用形式（与动词的名词形式同形）后表愿望。

② 净海指平清盛，净海是戒名；皇族或公卿虽仍在俗世但剃发着僧衣者被称为"入道"。

# 关于"身上饼"

一

今年正月，我在大和地区初濑的旅馆住宿了一晚。一名略有些不太讲究礼节，还吸卷烟的女服务员在为我准备晚餐时没有使用托盘运送菜肴，对此说了一句"tenokobon，抱歉了"，这让我兴味盎然。"你是哪里人?""大阪。"如此看来，也许在我们近畿民俗学会的诸君之间，这一新词也还保持着其生命力吧。这次，我想从协同的角度谈谈这个问题。

在近代出现的单词中，"tenokobon"也许属于戏语的范畴，其目的应该是希望用幽默的方式来处理自己直接用手的不礼貌问题，是掩饰自己不好意思的方式。而它与用手指抓食东西时玩笑般地将其称为"五指箸"的牵强附会不同，其中含有一些语言上的技巧。东京地区一般直接用手向关系亲近之人递运碗碟时，会说上一句"使用'御手盆(o te bon)'的方式实在失礼"，而这是意思不明带来的第二次变化，在此之前应该有过像初濑的那名服务员那样说"tenokobon"的时代。实际上，如果只是以手代"盆"（托盘），那么"手(te) noko盆(bon)"中的"noko"便是多余了，但是在"手之窪(te no kubo)"一词还广为人知的时代，"tenokobon"这个说法既上口也谐音，既有趣又好懂。当前者逐渐被忘却时，后者也会随之被抛弃或是被改变，难以保持原状。这种词语的变迁，只有经常对其进行比较的人才能把握。

二

"te no kubo"，是将手心窝起来时形成的凹陷。"kubo"正如大家所知，也是古代一种陶制食器的名称。有着拿泡菜或砂糖就茶习俗的地区，即便在今天，其居民也知道如何巧妙地制作出"te no kubo"。一般是用左手，拇指紧紧并拢手掌，其他四指也尽量相互并拢并略略弯曲，使得有些水分的东西放入其中也不会洒漏。食物吃完后，最后把留在手心的残余或汤汁一口舔净。在木盘子和"手盐皿"①成

---

① 原指装膳食的托盘中盛放盐的小碟，后泛指浅口小碟。

为商品流行之前，无论是和尚、老妪还是"御家老"①，都是这么吃东西的。因此，今天还利用"te no kubo"的吃法，可谓古风。

可是其名称，即使是在这一古风的动作依然现行的地区，也大都只有老人才用，或是干脆消失不存了。时至今日，已经需要费力搜求，而即使有所存留，也往往不见于一般的方言集中。而那些以标准语中的说法来设问的《采集手帖》就更加指望不上，因为"te no kubo"一词本来就没有其他词与之完全对应，所以不可能有所发现。就我所知，只有《滋贺县方言集》中的"te no kobo，做好团子等时还未正式装盘就以手托食"，但其意义有较大的限定。书中注明是该县爱知郡下的说法，但如果现存，应该不仅仅限于一郡。另一例是相隔千里的《壹岐岛方言集》，其中有"te kubo meshi，用手掌托饭而食"的记载，编者山口君②认为仅限于米饭，但既然有"te kubo"的称呼，我想对于其他食物也有着同样的说法。《民俗学》杂志 5 卷 9 号关于熊本县阿苏地区正月活动的记录中，有"te no kume"一词，是指元旦食用的"饼"，里面有豆沙。据说有的村落在元旦清晨将此"饼"火烤后分与家人，一人一个。在春"饼"的时候，按照家人的

---

① 江户时期诸侯家的总管家。
② 山口麻太郎。

人数制作的习俗，在各处均可见到，而"te no kume"这一词，应该是从"te no kubo"变化而来的说法。值得注意的是，此处的"饼"是豆沙馅的。在许多其他地区，实际放在手心食用的"饼"，一般都是春"饼"之日当场分配的，所以豆沙是在"饼"之外被蘸着吃的。但也许这只是一种简略后的形式。

## 三

在大和的北葛城郡，按照泽田君①的回忆录《故乡》，有着"te neburi（手舐），春饼时分给近邻的饼"的记录。如果不是放在手心食用，当然就没有舐手的必要了，此处的"teneburi"与上文的"tenokobon"应该有同一来源。即本来是家里人舐着手吃的"饼"，如今也敬呈于您的意思，颇具一些幽默，让人感觉到亲切。这一类的新语，应该在"tenokobon"尚存的地区也同时存在，但可惜目前采集者还注意不到这些内容，一味寄希望于碰巧得来的知识，因此即使有一些零散的记录，也还派不上用场。我虽然觉得"te no kubo"一词曾在很多地方都听到过，但想要找寻文字作为证据，却

---

① 泽田四郎作。

只有上面这寥寥几例。只能再次提出这个问题，希望引起更多人的注意了。

在冈山地区，已故的岛村知章君的采集中有"te ere"（十二月舂"饼"时，掐下蘸着豆馅吃的小块"饼"）一词。也有可能是同一名称的变化形式，比如因为放入手心所以叫作"te ire（手入）"，或者是前面的"te neburi"，发音变化为"te ene""te ere"的结果。但目前还无法确定。我们不妨从十二月舂"饼"之日，请前来帮忙的人先品尝的"an饼"①或者"kinako饼"②"oroshi饼"（日本东北地区称为"takato mochi"）③之类是如何称呼的这一问题入手。这不但算是捷径，而且"te no kubo（手之洼）"这一问题也应该能得到解释了。希望在《近畿民俗》诸君的帮助下，能够收集更多，收集并加以比较。

四

在此之前，需要先说明一下为什么我要对如此的小事这般执

---

① 蘸豆沙（"an"，汉字写作"馅"）吃的"饼"。
② 蘸豆粉（kinako，黄豆炒熟后磨成的粉）吃的"饼"。
③ 蘸萝卜泥（oroshi）吃的"饼"。

着。首先，我并不认为这是一件小事。因为食物的分配，即使是今天对于大多数国民而言也是重要的事情，而"te no kubo（手之窪）"又原本就是个人私有的开端。将家里的米饭和味噌汤装入碗中，当然也是一种分配，但"饼""团子"等作为仪式用品有着更为特别的重大意义。同是制作祝贺用的食物，春"饼"与制作酒席的菜肴之间，有着显著的不同。后者会为参与工作的男女提供被称为"洗俎板""饮樽底""倒瓶子"的饮食机会，这些机会一般是在正式宴会的第二天，也带有些慰劳的意思。但是春"饼"时，是在其主要目的之前，甚至在向神灵敬献之前，在灶前臼旁劳动的人就用其手心，食用了"手窪饼"。这种不一致，需要得到说明。按我的想象，在年底春"饼"那天立即蘸上豆馅或是萝卜泥食用是后来的做法，以前则是如同肥后①阿苏地区的"te no kume"一样，只是为了在元旦这一天食用而事先分配而已，而食用的时机则是大家一致，无论神人、上下、长幼，都没有区别。能够产生这样的变化，是因为食物的分配同时也意味着个人可以自由处理食物，甲的食用并也不会累及乙、丙、丁，之后敬给神佛，或是奉于主人，都绝非是"剩余"。除此之外，想不出别的理由。这一点，与酒宴之日从酒樽或是酒壶倒酒，

---

① 古国名，请参考附录二。

或是从同一个盆中取菜，有着明确的区别。这一方面后来也发明了小酒瓶，或是各人的食盆等较为方便的细分办法，但古老的感觉已经成为固定的形式，在无意识中束缚着我们的行动。于是，虽然地位较低的人在"饼"上有着比主人先吃的权利，但酒、饭、菜肴则是只有之后才能享用。看起来毫不起眼的"手之洼"这个词，便成为我们探寻古人饮食观念的线索，也作为活生生的例子证明了史学只是因为方法上的粗陋，所以才使得本应了解的事情一直未能被了解而已。

## 五

"饼"的私有与其他许多食物不同，能够远在实际消费之前就开始，也许这也是人们把它作为喜庆食品的原因之一吧。至少我们可以想象，直到今天还保持着生命力的有着两个意思的动词"mot-su"①，应该也是与"饼（mochi）"这一日语不无关系的②。"饼"不仅仅是祝贺之日的共同食物，而且神灵、祖先自不必说，还要敬献于

---

① 一个意思是"所有"，另一个意思是"能够维持、保持"。
② 从音韵看，动词"motsu"与名词"mochi"可能同根。

双亲、配偶的双亲、种种义亲等所有抱有特别敬意的人之前。到了正月，围炉上的挂钩，家里的臼、柴刀、纺线桶、锄头、镰刀等农具，甚至牛、马、犬、猫、鼠等动物，都要一一供上"饼"，就连来到家门前的乞丐的那份也要准备。尽管这些"饼"有大小精粗的差别，说得夸张一点，彻底贯彻了所谓"人格的承认"，即承认所有这些都是活生生的，是需要养护的这一原则。而具体通过"饼"来体现这种精神的正月，自然会被人们认为是"好日子"。

其中最为快乐的是孩子，以及年轻的下人们。他们就算吃不上"手之窪"的"an 饼""kinako 饼""oroshi 饼"，在神龛之上的"饼"里也保证有属于他们的那份，或早或晚他们都能在自己喜欢的时候吃上。北陆各地五月的"卷饼"，冲绳地区十二月八日的"鬼饼"等，都不会腐坏，能够长年"motsu"（维持），所以孩子们从各方讨来，集中放在特定的地方，将欣赏"饼"作为一种乐趣。没什么心机的男孩儿可能一旦拿到"饼"就一下子全吃光，有耐性的女孩儿则为了不至于只能羡慕地看着别人吃而总是留下一些。对于修炼少年们的占有欲，这是最好的机会。

值得注意的是，"饼"的分配也会因参与者的功劳大小而有厚薄之差。在壹岐岛，年底舂"饼"之日，城区有被称为"祝太郎"的人加入，农村地区有"yui"前来帮忙。为这些人准备的"饼"，是略大的单层"镜饼",岛上称之为"minoue(身上)mochi(饼)"。在"饼"上,也和"手舐""手之窪"一样,放上煮过的小豆,递给每一个人。小豆也许是由于其色赤,在全国各地广泛用来为种种"晴日"的食物添色。我认为"an饼"的起源也在于此,这一点需要另外与"强饭"中加入小豆的习俗一同详细考察,在此不能简单地加以判断。在这西海的岛上,分给每一名家人的"饼"是小"饼",上面也涂着豆沙,被称为"年饼"。《壹岐年中行事》的作者推测这种"饼"与前面提到的"身上饼"意义相同,可谓一语中的。

# 六

"身上饼"①这样严肃庄重的名称,难以想象只用在帮助舂"饼"的人之上。想来,给全体家人分发的"年饼",也是对于每个人而言的"身上饼",只是由于在形状及大小上二者相差悬殊,所以最终"身上饼"固定成了其中一种的专称。同样的称呼应该在其他地区也有,但在我的记忆中还暂时不见。而"年饼"这一称呼,时断时续在农村的各处都可以听到,其形状都是圆形。我在少年时搬到关东地

---

① "身上"日文中是身世、境遇、命运之意。

区居住，有关于此还有几段回忆。在东京及周边地区，正月的"饼"中只有向神灵及祖灵供奉的，以及摆设于"蓬莱三宝"①之上的这两样会做成"镜饼"的形式，其他供人食用的都被做成"noshi饼"，切开吃。在京都大阪，虽然也有被称为"bunko"的长方形的大"饼"，但至少在新年的"杂煮"中使用的都是圆形的"饼"。东京的正月没有这种"饼"，总是让人感到无法满足，近年我在家里重新开始制作圆形的小"饼"，在正月的头三天里只吃这种"饼"。所谓"镜饼"的"镜"，如果如同我的想象，是因朝向每个个人而得名的话，那么京都大阪那样制作数百的圆"饼"迎接春季到来的方式，可以说是更近古意。为了便于烧烤或是盛于碗中，如今已经小型化得无法称之为"镜"了，但"镜饼"仍然保持着以圆形这种完美的形态被分与各人，这是食物分配原本意义的体现，也使得每个人都能体味到春之初的喜悦。

　　另外一段记忆是，在我孩提时代，街上出售一种被称为"bundai mochi"的"饼"，也许现在还能见到。"饼"里面满满的都是豆沙，外面只有薄薄的一层皮，除了这一点之外，也就是略高一点的圆"饼"。在我想弄清其名称的意义时，看到《风俗画报》13号关

① 正月摆设在壁龛的模仿蓬莱山的装饰，其中"三宝"上盛放各种供品。

于土佐郡新年活动的文章中提到，此地赠送给亲戚或一直照顾自己的人的年礼，是一般被称为"分之饼（bun no mochi）"的"饼"。但是按记载，其形较大，被切成四方，用白纸包裹，并附以交让木的树叶，与我说的"bundai 饼"形状不同。但去年出版的《旅行与传说》"食制研究专辑"中，有同地长冈郡的例子，是被称为"分饼"或"文饼"①的普通的作为摆饰的"饼"，因为有"直径四五寸"的描述，它应该也是圆形的。但据说这种"饼"并不蘸豆沙吃。距今三四十年前，人们去亲戚家或一直受其照顾的人家拜年时，一定会带上"饼"。将用粳米或黍粟舂成的与用糯米舂成的两种混合在一起，做成单层的"饼"，并附以交让木叶或山中的野草。所谓"分"，应该是"wakemae（分前）"，即每人分配的份额的意思，相当于各地的"年饼"，或是壹岐岛的"身上饼"。说不定我少年时代经历的播州的"bundai 饼"，其起源也在这"分之饼"上。岐阜县太田町附近有"bundako"的名称，不是"饼"，而是内有豆沙的"团子"，是三月"节供"之日的食物，据说其大小近似于豆沙包（《民族》1 卷 3 号），那么也应该是圆形的。"bundai 饼"就算不是从这两处学来的名称，"bun"也不可能有太多的意思。我认为至少可以成为支

---

① 日文中"分（bun）"与"文（bun）"发音相同。

持圆"饼"原本是为了分配给各人作为其私有而制作的这一假说的其中一根支柱吧。其实关于作为新年年礼的"饼"的形状，尚有不少问题需要讨论，但现在也不是正月，不宜在此长篇大论，暂且就此打住吧。

## 七

撰写此文时，恰好野口孝德君来访，受教了越后中颈城郡的例子。野口君家中年底二十三日是舂"饼"之日，三人合作舂"饼"，使用的是小型的"横杵"（木槌）。给挥动木槌的各人家里送去的单层的"饼"，当地称为"otenoko"。舂"饼"时，在臼的周围铺上干净的稻草，粘在木槌上或是撒落到臼外的"饼"，事后被收集起来，归舂"饼"的三人加上蒸糯米时负责烧火的一人所有。而舂"饼"之日的"oroshi 饼"，被称为"usu bata（臼端）"。"臼端"一词在其他地区也有所耳闻，这一名称与其说指当日食用的"饼"，不如说指撒落在臼外的"饼"。也许这两种"饼"有着某种关联。"饼"的制作方法在近世经历了较大变化，因此无论称呼还是方式，只能暗示某种古老存在的痕迹。而所谓初生状态的最初形式，就连其残留都已难得一见，这也是没有办法的事情。我们也只能满足于将全国众多的事例并置观察，而粗略推想出其原来的样子了。

（昭和十一年六月 《近畿民俗》）

## 附 记

其后又发现了与"te no kobo"有关的数例残留于各地的相关用法，附记于此。信州的《下伊那郡方言集》中有"o te no kubo 或 otenoko，将食物直接放在手心食用"的记载，可见相关说法并不限于"饼"。越后的中蒲原郡，从前也有在不使用托盘而是直接用手将食器端给客人时，说"使用 tenokobon 的形式，实在抱歉"的说法（《高志路》1卷10号）。虽然"手之洼"的意思已经模糊了，但佐渡的内海府等地区，直到今天也将直接以手托米饭而食之称为"te no kobo"（仓田君报告）。武藤要君的《磐城棚仓方言集》中说"饼"或"ohagi"在还没被正式摆上之前，人们将以手托而食之称为"ten no kubo"。在仙台地区，根据真山青果的《方言考》，人们将米饭用单手捏成纺锤形，涂上味噌，给小孩当作零食称为"tennoko tennoko"①。"纺锤形"在我头脑里暂时浮现不出具体的形象，但因为这种食物是用单手做成的，

_____

① "tennoko"的叠音。一般涉及孩童的名称容易出现叠音的现象。

"tennoko tennoko"显然应该是"手之窪"的变化形式。同样的说法在近畿地区也有多处留存。比如纪州那贺郡有"te no kobu"的称呼，也是指以手托饭而食；河内地区的"te no kobo"，是指试吃；大和地区的南部还出现了表示将食物托于掌上品尝的动词"te no kubo suru"①（野村传四君报告）。描写京都轶事的随笔《南窗笔记》中说："托食于掌一事，殊为鄙陋，然公家、禁中②之侍女，有称御手窪，以手托食之时。此上古余风之存也。"将筷子称为"o te moto（御手元）"的说法存于中央，在鹿儿岛县则被当作一种雅语。但至少可以说并非各人使用各自筷子的食法，从前要比今天普遍的多。

"te ire（手入）"一词，似乎仅限于"饼"类。先前我将之也视为"手之窪"的变化，也许是有些冒失了。播磨的印南郡的"te ire 饼"，是十二月春"饼"之日立即食用的"饼"，最后的一臼特意做得更加柔软一些，蘸上豆沙、豆粉或是萝卜泥，除了当场食用外，还要带一些回家，从前还会分给邻居或是家人（《近畿民俗》1 卷 4 号）。在大和南部，将春"饼"时翻动臼中之"饼"的动作称为"te ire"。"te

---

① 名词后加"suru"是日语中创造动词的一种方式。
② 公家指贵族，禁中指天皇家。

ire"也可以理解为原指分给翻动者的"饼"。这种"饼"在飞驒地区的高山，或是能登地区的七尾附近，被称为"usu moto（臼元）"。越后地区的南鱼沼郡称为"臼洗饼"的，也是在舂"饼"当天分给干活者食用的"饼"，但并非是最后一臼，而是第一臼（《高志路》2 卷 3 号）。佐渡岛的"臼洗饼"，在一些地区也被称为"臼拭"或是"杵尻"，也是在当日就着砂糖或是豆粉食用，与京都大阪的"手入饼"一样，也是使用最后一臼（《佐渡年中行事》）。也许如此单独分以一臼的做法是晚近的风习，以前使用"手杵"的不用水的舂法，则完全无须如此，仅是粘在杵上及撒落于臼外的量，就已经够当天干活的人食用了吧。出云的北浜村的祭祀，在负责的"头屋"家舂"饼"时，有村里长老前来确认"kinakosage"的做法。用四根"手杵"舂"饼"时，粘在杵头四散的"饼"被称为"kinakosage"，应由全体氏子分而食之（濑川氏报告）。或许是从前人们会特地舂得豪放一些，以增加这种"杵子 sage"①的分量，所以为了保证献给神灵的"饼"不过于寒碜，而出现了专门加以监督的方式吧。在当地，也有家庭将这种"杵子 sage"②盛于碗中，称为"力饼"分给家人，这我已经在关于

---

① 柳田此处将"kinako"视作"kineko（杵子）"的转音。

② "sage"或"sagari"汉字多写作"下"，有从比自己身份高或年龄大者处得到其剩余之物的意思。

"力饼"的文章①中提过了。在野口孝德君的故乡，这种"饼"被称为"otenoko"，又将专门另外准备一臼称为"臼端"，其实并不奇怪。这二者原本就是一件事，曾经是当天以所谓"kinakosage"分配就足矣了。在颈城郡的桑取谷等地，拾捡撒到臼外的"饼"，用稻秸或草绳将之系起来挂在屋里或是门口，旧历二月"棚 zarae"②这一天分给小孩，这种"饼"被称为"杵饼"（《乡土研究》7 卷 4 号）。同郡其他村也称之为"杵卷"，五月分与家人食用。加贺地区河北潟沿岸的大根布村，将缠在木棍上的、白"饼"中间包以红"饼"成"钵卷"③状的"饼"称为"杵卷"，在男孩出生后的第一个新年，由母亲的娘家送来（《飞驒人》6 卷 10 号）。从其名称考虑，其起源应是将粘在杵上的"饼"原样保存并送给特定对象的做法。同地能美郡的各村，将被称作"sarakuwa"的，即用三升米做成的长愈一尺、大致呈锄（kuwa）④形的"饼"装上木柄，正月期间插在家里中央的立柱之上。这应该是从上面提到的"杵卷"发展而来的，也是在年底春"饼"之日制作并摆设，正月十五日放入粥中供一家同食。第一个男孩诞生

---

① 本书的《米之力》一文。
② 本是"清仓"的意思。
③ 中国古代称为"抹额"，现在不存。
④ 日文的"kuwa"汉字写作"锹"，是锄头之意。

的家里，其母亲的娘家要在之后的五年中每年赠送一个"饼"，因此正月家中便有两个"饼"（《民族》1卷2号）。四国地区，在伊予①的周桑郡，有被称为"kine（杵）kosuri"或者"kine（杵）ko（子）"的"饼"，与此最为相似。它被做成镜子的形状，装在木棍的一头，规定一定要用春"饼"时的第四臼。也许第三臼是献给神灵的，所以要用之后的一臼，其名称中还保留着从杵上搓（kosuri）下来这一动作。以"手之窪""手入"等临时名称命名的"饼"，其分配上蕴含着深远的意义，从以上这些有着特殊发展的地区的例子中，我们是可以追溯的。

（昭和十五年一月）

————————————

　① 古国名，请参考附录二。

# "tobi"之饼、"tobi"之米

## 一

在吉野郡的野迫川村，接受别人的赠礼后回送的东西被称为"me"，横井君问我这个词是什么意思。虽然还不清楚其意思，但这一词的分布甚广。在楚人冠氏的方言集①中，和歌山市的"o me"②是"o utsuri"的意思。接受别人的赠礼归还其容器或包袱皮时，作为回礼放入的纸张或是火柴，被称作"o me"，因此也有"o me纸"这样的词。在野村君的《南大和方言集》中③，同样是吉野，北

---

① 杉村广太郎（1872—1945），笔名杉村楚人冠，记者、随笔家、俳人，有《楚人冠全集》。此处的方言集指《和歌山方言集》，1936年。
② "o"汉字写作"御"，本是加在名词前表示礼貌的接头词，但在一部分词语中固定下来而不可与其他部件分开。
③ 野村传四，《南大和方言语汇》，1936年。

山乡将回礼称为"toshi no me"。纪川以北的情况尚不明了，我想也许应该有着属于近畿附近的"o tame""o tomi"系统的称呼吧。

与"toshi no me"相似的例子，在静冈县较多。《五倍子杂笔　四》①记载说志太郡冈部町有着"toshi no mi"的方言，在赠品的容器中放入零钱送回被称为"o utsuri"，而放入物品送回则被称为"toshi no mi"。在东京等地，"o utsuri"没有这样的限定，但同是还礼，它们有着区别，这是不可否定的。不知从何时开始，零钱几乎毫无例外地成了跑腿人的所得，孩子尤其为了零钱而颇为积极。小孩子在路上晃动食盒侧耳听音，是"亥子"②时节司空见惯的光景。纸张和火柴都不算什么，是属于送礼人的，使者们对此不屑一顾。称作"o utsuri"是否妥当另当别论，两种回礼各有称呼本是应有之义。

北陆地区无论是越前还是加贺、能登，都是将所有的回礼一律称为"o hiki"或是"o shiki"的。"o hiki"明显是"引出物（hikide mono）"更为委婉的称呼，这应该是以给使者的回礼之名通用于两种回礼的例子。在甲州，用纸包上一些零钱，在纸上点一点红，把它给予将婚礼或诞生的贺礼送到的人，这被称为"o shiki"（《甲斐之落叶》）。

---

① 泽田四郎作的随笔集，共十三册，第四册成书于 1936 年。
② 旧历十月（亥月）的第一个亥日，传统节日之一。

信州北部称之为"heryo"，说是含有犒劳的意思，也有更露骨地称之为"dachin"的。"dachin"自然是"驮赁"（运费），这是一句玩笑话了，但我记得我自己也曾多次在这一名下得到过跑腿的"引出物"。我以前一直认为这与播州的"ire some"是完全不同的两件事。

## 二

成为我们问题的，是回礼的第二种，即在零钱还没有必要给小孩时就应该已经存在的被称为"me"或者"toshi no me"的做法。静冈县的"toshi no mi"与"toshi no me"应该是一个词，在吉野也许是带有些"芽（me）"的意味而被称作"me"，但"mi"应该说更近于本意。《静冈县方言辞典（稿本）》①中提到，远江的各郡及骏河的安倍、富士二郡称"o utsuri"为"toshi no mi"，在骏东郡被称为"iremono no mi"②，在伊豆的田方郡和滨松市被称为"hachi no mi"③，在富士郡的一部分地区被称为"tsutsu no mi"。所谓"tsutsu"，似乎指的是"苞

---

① 编于 1910 年。
② "iremono"是容器的总称。
③ "hachi"汉字写作"钵"，容器。

（tsuto）"①，总之都是送回容器时不能是空的状态的意思。既然接受了对方的馈赠，那么哪怕只是一点心意，自己也应该往容器中放入些许东西再归还，这也是我们社会赠答原则的体现。这一感觉依然保留在当代社会中，并非只是形式主义的惰性现象。我故乡的"ire some"中的"some"，也许最初是"初次"的意思，但后来含有部分履行之意，用在这里恰好不过②。

也有地区将"toshi no mi"简称为"mi"。伊豆的贺茂郡、远江的小笠郡的部分地区即是如此，美浓的郡上郡的内谷地区有"mi wo ir-eru"的说法（牧田君报告）。阿波③的一字村，同样将还礼称为"mi wo ireru"。现在下结论似乎还为时尚早，但我认为和歌山的"o me"，以及野迫川的"me"，应该都是容器中的内容，即"naka（中）mi（实）"（内容）的"mi"变化之后的说法。究其原因，如果不是因为地方上的口音影响，就是后世对于这样单纯的语音进行分化使用带来的结果。

下一个问题是"toshi no mi"中的"toshi"。我们也许可以理解为

---

① 两头扎住的稻秸束，中间可以放入东西裹住。
② 柳田在此将"ire"理解为动词"ireru"（意思是"放入"）的连用形，将"ire-some"理解成"放进去了"的意思。
③ 古国名，请参考附录二。

新旧年交替原本是正式赠答所特别重视的时机，也是"mi wo ireru"（还礼）习俗的出发点，以后虽然逐渐扩张到其他各种时机，但以前的名称还得到保留吧①。"toshi dama（年玉）"一词，有的地区仅指年头的赠礼，而有的地区也包含其他的机会。在一些地方，"toshi"一词不限于一年之始，盆节自不必说，其他各月的节日也均包含在内。但是颇为另类的是主与从、女婿与丈人、或拟似亲子及其他内部人之间的临时赠礼，以及旅行归来时带回的"miyage（土特产）"。如果将回礼称为"toshi no mi"需要将这些都包括在内，那么我的想象似乎就有点靠不住了。赠答的风气在中世以后，有了显著的扩张。在此过程中，年头的赠礼到底有着什么程度的特殊性质，对这一点还需要进行更广泛的观察。

## 三

为此，首先比较一下另一个表示赠礼及还礼的方言，也许是个简便的办法。与标准语中"o utsuri"对应的方言，从近畿平原到濑户内海的东岸，"o tame"一词最为多见。这一方言的起源还不甚明

---

① "年"在日文中的发音为"toshi"。

了。在四国，土佐地区称其为"o tome"，阿波地区一般称其为"to-mi"或"o tomi"。《阿波的语言》①的作者桥本氏提出"tomi"是从"疾(to)mi"而来的，意为接受礼物后立即还礼。因为大家还并不了解这一词在其他地方的变化，所以这么猜想也是没办法的事。同一系统的词，一直分布到中国地区的几乎是最西端，各地之间只有些许发音上的差异，其中最为常见的是"tobi"或"o tobi"。例如，濑户内海直到小豆岛都称之为"tame"，但伊予的弓削岛、越智大岛则称之为"tobi"，周防地区的大岛、祝岛都称回礼为"tobi"。其他的例子有安芸的中野村，在接受装在食盒里的赠礼后，将在归还容器时放入的东西称为"tobi"。出云的石见虽然也有"utsuri"或"irezome"的称呼，但还是称"tobi"的村落更多。而前不久《近畿民俗》中报告的但马②大杉村的例子也是"tobi"。我想，在这三四处之间的地区，想找若干类似的例子，应该不难。"tomi"与"tame""tobi"之间的音韵变化，当然不能凭借其分布面积的大小来决定孰先孰后，但既然承认这些词原本同根，那么就需要一并加以观察。以前我在发表《行商与农村》③时还没有注意到，"tobi"一词在各地的变化之多令

---

① 桥本龟一著，1939 年。
② 古国名，请参考附录二。
③ 发表于 1931 年。

人惊讶，而仔细观察之后，大致可以管窥该词中包含的心意变化及其过程。

例如，岛根县的大原郡等地，接受礼物后的回礼除了被称为"tobi"，也被称为"kae tobi"。这暗示着原本"tobi"中同时包含着两个方向，并非只有回礼才被称为"tobi"。或者可以进一步说，其中保留着"tobi"一词原意的影子，即"kae tobi"是"kaeshi（返）tobi"或是"kae（换）tobi"，而单说"tobi"时则原本指赠礼，是最初提供礼品的一方的称呼。当然，最后的结论只能等到其他地区再发现一些同样的例子之后了。四国的"tome"或是"o tomi"是否也有类似的情况？今后我会更加留意。在肥后地区阿苏郡的马见原，作为回礼放入"半纸"①之物被称为"soko dame"。"soko（底）"当然是指容器的底部，那么这个词也有可能是"底之 tame"②，即相对赠礼"tame"而言的回礼之意了。

四

"tobi"不限于"o utsuri"即回礼，而是泛指礼品，这在现实中也

---

① （23～26）cm×（32～35）cm 大小的白色日本纸，用来包裹物品或是写字。
② 柳田在此处将"soko dame"中的"dame"看作"tame"发生浊音变化后的结果。

存在。九州等地不如说限定于后者，即在赠礼的意义上使用"tobi"。只是因为其使用机会限于正月，并不及于其他季节，所以此前没有人将其与中国地区各地表示回礼的"tobi"联系起来而已。就目前所知的二三事例而言。例如，福冈县的筑紫郡，正月二日新郎要到新娘的娘家拜访，当天往返，与双层的"年饼"一同带去的一大条盐腌的五条鲫被称为"tobi"（《福冈》55号）。博多地区称为"o tobi"的，是元旦新娘带回娘家的礼物，现在多被称为"洗粉"①（《博多年中行事》）。在筑前的姬岛，"tobi"相当于我们所说的"年玉"。元旦这天用白纸包好米、昆布及一文钱，赠送于人，称其为"年玉"，也说"tobi wo hineru"②。流年不利的人将自己的"年玉"扔弃于三岔路口后头也不回地返回，这一做法与东京等地"节分"③时的"厄落"（消灾）仪式非常相似。不同之处在于，东京等地虽然有将包着豆粒（有时是硬币）的纸包扔弃于路口、被称为"o hineri"的做法，但人们都认为这和"年玉"是两码事。

　　"tobi"与"年玉"相似，并不仅是筑前的姬岛一地的情况。肥前

---

①　即澡豆。

②　"hineru"有包零钱的意思。

③　立春的前一天。

的小川岛在元旦清晨汲取"若水"时要在"年绳"①中夹三粒米，这与东北地区的"水饼"一样都是敬献给"泉神"的意思，但在此地被称为"年玉"。丰后②地区日田郡的五马村，参拜神社时要将白米与盐用纸包裹着带去，在关东地区被称为"o hineri"的这种做法在当地则被称为"年玉"。而以上做法，实际上与在九州其他地区被称为"tobi"的相同，这只要将资料相互比较便可了解。

一般所说的"年玉"，近年来虽然多是"半纸"或手帕，或者是少量的金钱，但从前仅限于食物，这在今天也能通过各地的例子推测出来。日本东北地区，尤其是岩手、秋田二县，有着佃农要在年头带着用稻草包裹的"饼"拜访"亲方"③的习俗。这在南部地区被称为"饼 mawashi"，但在仙北④则一般被称为"toshi tama（年玉）"。鸟取县的气高郡，至今"年玉"仍然是要有"饼"的，即使是进献给神社，也被称为"toshi tama"。相距甚远的萨摩的甑岛，元旦早晨分给孩子们一人一个的圆"饼"，或者是除夕深夜装扮成"异人"被称为"年殿"者咚咚地敲打门户，给听话的孩子带来的"饼"被称为"年

---

① 为"若水"仪式而特制的草绳。
② 古国名，请参考附录二。
③ 日语中"亲方"语义宽广，这里指租田给佃农耕种的地主。
④ 秋田县中东部地区的古称。

玉"。小孩子不吃这个就长不大的说法，与我小时候要在"三宝"上摆放"串柿"①一样。"toshi tama"一词的本来意义，通过以上事例也变得渐渐明晰起来。但是另一方面，同县的樱岛等地，只是将与吉野的"toshi no me"或远江的"toshi no mi"一样的回礼称为"年玉"。在这种年复一年的活动中，各地区的增减变化较多，也是理所当然的情况。企图只凭少量地区的例子来说明其由来，是注定无法成功的。

五

还有地区将"tobi"用在新年的礼物，特别是食物之馈赠上。《民俗学》(5 卷 9 号)中刊载的阿苏地区的正月仪式，是非常好的例子。在筑前地区，似乎"年饼"与"o tobi"是各不相同的，但在阿苏地区，年底由新郎家送到新娘娘家的装在袋中的一升大米，被称为"tobi 之米"，或"富(tomi)之米"。同时赠送的还有一条鱼、大"镜饼"、"樽代"②、"足袋"③、手帕等。一升大米与这些礼品相比，

---

① 剥皮后串成串儿晾干的涩柿子，献给神的食物之一。
② 代替酒的钱。
③ 穿日式木屐时的袜子。

价值较小。由此可知其目的只是遵从古例，也可以认为即使是三粒或十粒，只要包了米，也就是有意义的。而引人注目的是，当地的"tobi 之米"，不仅用于称呼女儿出嫁后夫家送来的装在袋中的米，各家放在敬献给"岁德神"的"镜饼"之上的用纸包的米，迎接"若水"时献给水神的用纸包的米，正月二日初用柴刀的仪式时放在刀柄之上或是采伐的"若木"之上，以及家里各种重要用具之上的以白纸包裹的"洗米"①，都被称为"富之米"或是"tobi 之米"。有些村落或家庭，将这些"tobi 之米"全部收集起来，在正月十四日的"年取"②时食用。如果这是自古的习俗的话，那么这些米与城市里被称为"蓬莱"的"三宝"上摆放的米，也许有着共同的起源吧。

此前，我认为回礼的"tobi"，与相当于"o hineri"的"tobi"只是发音恰巧一致，其由来各不相同。但阿苏地区的例子明确显示出二者是有关联的。关东及日本东北地区多以"饼"来实现的"年祝"，在关西的广大地区则使用"洗米"。也许无法如此明确地划分地界，而是两种方式在各处犬牙交错，但以米作为"o hineri"甚至与各种用具相关联的做法在日本东部并不存在，而与之相反，"马饼""牛

---

① 为敬献神佛而洗净晾干的米。
② 为过年之意。日本民间有些地方是正月十四日晚过年。

饼"，或是连锄头、镰刀、臼杵、纺线盒之类都会献以"饼"的习俗，在中国地区及九州地区也见不到。到底哪种做法更为古老，甚难判断，但如果一定要分个先后，以我的想法应该是米发展成为"饼"，而"饼"简略成为米的可能性不大。总之，从前人与人之间进行的食物馈赠，不仅是神佛，还一直关联到今天我们认为没有感情的器具家什之类。

## 六

上述习俗，从日本的有形文化以及信仰生活这两方面来看，都有着非常显著并且根深蒂固的特色，只是由于其名称和一部分方式因地而异，所以一直未能受到所谓学者的关注。当然，缺少加以通览并相互比较的机会，也是原因之一。而近年，由于各位同人的通力合作，已经能够得出如此程度的结论，是可喜可贺的。"o hineri"一词，在北陆及奥羽地区尚未得到确认，至少在东京地区是为人熟知的。但是东京的"o hineri"，不必包米。因为为永①的小说中以该词称呼花柳界中予人的小费，也许有人认为那才是通行的用法。但

①　为永春水（1790—1843），江户后期的"人情本"作家。

其实就算是在都府，传统的家庭在"初诣"①之时，无论过去还是今天，都要带着包着米的"o hineri"。农村更是如此，在甲州的富士川流域以及信州，各处都有同样的称呼，都管用纸将"洗米"包起来称为"o hineri"，而不管里面是否放入钱币。信州的小县郡在一月十七日的"山神祭"时，将系有"o hineri"的弓矢模型挂于宅内庭院的树木之上，献给山神（《乡土》1 卷 4 号）。同地的诹访郡，正月十一日的"初作"仪式上，要在田里做出田埂，或是在雪地里撒上松叶，将"o hineri"献于其上（《蒅原》4 卷），应该是系于树枝插在地上吧。三河地区同一天的"初锄"仪式上，有在附近的树枝上系以"o hineri"的风俗。去年出版的《奥郡风俗图会》里，有描绘此情景的图。奈良县的例子来自《口承文学》12 号，在宇智郡南阿太村，正月二日或三日的"初山"仪式要带上"o hineri"，即将小的"御饰（o kazari）"包在纸中，将纸的四角合在一处，搓捻封口。因为注明在供奉山神后食用，所以这里的"o kazari"应该是指小"饼"。淡路的津名郡也是人们在元旦早上去神社参拜时，按家人的人数，准备若干份单层的小"镜饼"并各附以"田作（ta tsukuri）"②和"串柿"，被称为

---

① 新年第一次参拜神社。
② 也被称为"gomame（鳝）"，小鳀鱼干。

"hineri zutsumi（包）"（《民俗学》5 卷 1 号），也是包在纸里的食物。当然，需要收集更多的例子，才能做综合性的论述，但大体说来"o hineri"的用途多与正月相关，米有时会被替换成小的圆"饼"。九州及其附近的各个岛屿所谓"tobi"的特点，与上面的第一条一致，关于第二条以小"饼"敬献山神的习俗，在奥羽地区随处可见，只是并不被称为"o hineri"而已。非常幸运，虽然国家南北两端的生活状态有显著的差异，但也有希望通过观察位于中间地区的某种实际事例，证明二者有着共同的根源或是相互关联。

## 七

元旦汲取"若水"的仪式中，"年男"①将包着白米的纸包带去系在吊桶的竹竿上，这在土佐地区被称为"onbuku"或者"onbuku 包（zutsumi）"。伯耆的西伯郡，将正月系在"注连饰"上的装着米的纸包，称为"oobuku"。我认为这两个应该是同一个词，即"大福"②，但还不是很确定。名称会因为偶然的因缘而改变或是保留。将重点

---

①　家庭内则是一家之主，地域社会中则是按一定条件选出的男性，是新年仪式的中心人物。
②　福的发音是"fuku"，在复合名词中发生浊化后为"buku"。

放于其上，有时是危险的。但名称并非经过计划和议定，在缺乏其他详细了解变迁过程的方法时，也常常能够成为线索，让我们触摸到人们当初的心意。比如"o hineri"一词的得名，应该是从纸开始的。在纸还十分珍贵、寻常百姓家还难以消费的时代，食物一定还有别的包装方式及相应的名称，但在中央，它们已经被忘却了。幸运的是在西国的各处，至今也有将"半纸"裁为四张，包上米，将四角合在一处搓捻封口的做法，并称之为"tobi"，或是"o hineri"，还使用着"tobi wo hineru"的说法，甚至保留着"hineri tobi"这样的复合词。由此我们可以想象，在比用纸包裹食物更早的时代，"o hineri"即使在中央地区的村落之中，也应该是只被称为"tobi"的。如果这一想象无误，那么今天作为回礼的"tobi""o tame"等，与之又有怎样的关系？这将成为问题新的分支。

在处理这一问题之前，先看看以下的事例。备后的比婆郡，有"hineri tobi"一词。是在纸中包以白米、大豆、去皮的干栗等，也被单称为"tobi"，与昆布一起，置于装有"镜饼"的"折敷"中，敬献诸神。石见的鹿足郡有称回礼为"tobi"的地区，此外也将用纸包以白米及蕨类的叶子置于"镜饼"之上称为"tobi"。长门的相岛，有"tobi wo hineru"的说法，指正月以纸包白米，系于臼、农具以及牛栏的做法。

将同一事物称为"tobi""o tobi"的例子，在筑前的地岛也能见到，再往西就少了。而九州东侧的山村，也有几处与阿苏的"tobi米"类似的例子。筑前的京都郡，在元日的氏神参拜及正月七日参拜牛岛的氏神时，要带上与东京附近被称为"o hineri"的同样的米包作为香钱，称其为"tobi"（《郡志》）。与阿苏一山之隔的日向的三井田边地区，以纸包白米、交让木叶做成鸟形，也是在年初将其系在"若水桶"、火炉的挂钩、马鞍上，称其为"tobi"。更南边的山村椎叶，将"半纸"折成"乌帽子"①形，在其中放入三粒米，将之与橙子一同系在"门松"的"注连绳"上，称其为"tobi gami"。而此处，还有将正月的赠礼称为"tonbi"的说法，对此我将在后文具体说明。

# 八

九州地区还有一种更奇怪的东西被称为"tobi"。在筑前早良郡的城原村，正月所有的锄头、铁锹等农具都要系上这种米包，被称为"年玉"。在同郡的姬岛，其名称既有"o hineri"也有"tobi"，但是在城原村，与肥前的小川岛、丰后的日田一样，只有"toshi tama（年玉）"这一个称呼，没有其他。同村的"tobi"一词，是指"藁（wara）

---

① 平安时代到近代成年男性着和服正装时戴的帽子，因色黑而得名。

kozumi"①，即像斗笠一样盖在日本东部所谓"nio"或"稻村"②之上的，用稻草做成的装饰物。"wara tobi"的名称，在九州西侧分布广泛，南及鹿儿岛县的南端。这与前面我们讨论的"tobi"是否属于同一系统，甚为可疑。因为"wara tobi"一词所指代的东西在有的地区被称为"tobe"或是"tobo"，应该是与古语中的"tobusa"③或"toma（苫）"④关系较近，既不是指正月的交际，也不是指纸包的食物。但是从另一个角度考虑，如今"稻村"只是稻草的堆积，但以前指收割后储藏稻子的方法，因此摆设于其顶点的装饰物也是各地都有的，即使并不被称为"tobi"。从《与那国岛图志》⑤中关于"shira"⑥的内容也可以看出，这种装饰物带有某种巫术上的意义⑦。而稻谷从某种意义来说，是来自大自然的最大的礼物。"toma"或"tobusa"等虽然是独立的词语，但其名称的来源并不明确。也许包含这些在内，都是我们所说的作为"o hineri"的"tobi"的古老姿态。

---

① "wara"是稻草的意思。
② 即稻垛。
③ 汉字写作"鸟总"，树木的小枝或是枝叶茂密的尖端部分，古时砍伐树木后在其树桩上立此以祭山神。
④ 草席、草垫。
⑤ 本山桂川著，1925年。与那国岛在八重山列岛西端。
⑥ 冲绳八重山地区对稻堆的称呼。
⑦ 关于此，可参见《海上之路》中"稻之产屋"的部分。

但是我们还无法仅凭现有的资料如此断定，只能以尚未解决的状态将其移交给下一代。我个人认为，在希望以纸来包裹但还无法得到纸张的时代，"tobi"与东北地区的"初山饼""水饼"，或是作为"年玉"的"饼 mawashi"一样，都是被装在稻草的"苞（tsuto）"里用来赠送或是用来系捆的，其形状与"稻村"上的装饰物"wara tobi"极为相似。后者也并非只限于稻草的储藏堆积。九州北部称为"丑日样"的仪式，一般是秋收时在田地的角落保留十二株稻子，在霜月①第一个丑日，一家之主亲自手持镰刀和扁担去收割，可以理解是迎接"田神"的仪式。在肥前的三濑村，最后收割的"神稻"，同样要装饰以"wara tobi"。这是占有的徽章，也是对应得者的指定，这一点与秋田县、山形县等地"山祭"时的"nusa kake"②十分相近。

# 九

文章已经太长，我想表达的意思简单一点说就是，"tobi"本来并不限于接受赠礼后的回礼。现在保留于近畿、中国地区及四国地

---

① 阴历十一月的雅称。
② "nusa（币）"即作为神的标志的布条或是纸条，也称"御币"。"kake"是动词"kakeru"（装上，挂上）的名词形式。

区的"o tame""o tomi""o tobi"等，其实是"kae tobi"，即"tobi"的一种，其他将赠礼本身称为"tobi"的地域也相当广阔，今天中央称为"o hineri"或是"toshi tama（年玉）"的，在广岛县以西也以"tobi"之名称而为人所知。三者的共同点是，其赠送的对象都不仅限于人，都以食物特别是米为中心，都是主要属于正月的活动。但这是古老状态原样保存的结果，还是经历中古的变迁之后的产物，要想明确地得出结论还需要更为细致的考察。

"o hineri"一词的用法，在都市至少没有季节的限制，而与之相反，"toshi tama"则只限定于正月。"tobi"用于新年之外的例子尚未得见。萨摩地区西北海上的伊唐岛，在插秧结束那天的夜晚，"oyako（亲子）"即一门的各家之间，互赠被称为"土产"的米饭，这一习俗也被称为"tobi no ko"。"toshi（年）"似乎原是以种植稻米之期来分界的，这也许可以说是一种新年习俗。而远距千里的秋田县北部，用"toppi"来称呼伴手礼，有着"不带 toppi 就上人家家里去"的说法，也许"toppi"并不限于正月，但这一点还未能确认。在日向的山村椎叶，伴手礼被称为"tonbi"，是明确的正月辞令。若山氏[1]从当地人那儿了解到的一个习俗是，拜年者大摇大摆地来到大门口，

① 若山甲藏（1868—1945），记者、乡土史研究者。

说"我没带 tonbi 就来拜年了"，主人则需要迎接并且回复"哪里需要 tonbi，能见到您就是 tonbi 了"。"tonbi（鸢）"①是在空中飞翔的，证明其是"miage（见上）"②的代用语。这一用法之所以只见于新年，我想是因为"tobi"原本就是在一年中最为庄重的机会赠答物品以增进旧谊的习俗吧。宫本常一君③报告的周防大岛的例子，在这一点上是颇为有力的资料。今天想来已经没有人遵循旧俗了，但当地在从前有客人拜年时说"这是 oo tobi，请笑纳"，而主人则回复说"那请拿过来吧"的习俗（《旅行与传说》8 卷 3 号）。由此大致可以知道我们日本人在交往之时是需要有"tobi"的，而"tobi"与"年玉"在很多地方意思相同也基本能够得到解释了。在赠答的机会仅限于年头或是稻谷收获之时的时代，"年玉"这一名称当然能够更为明确地传达其中的感觉。但随着临时赠礼的机会逐渐增多，出现了虽然是"tobi"但并非"年玉"的情况，也是自然而然的事情。当然，现实情况还是正月的"tobi"较多。我认为这些都是"tobi"一词的起源更为古老之故。

---

① 即黑鸢。

② "见上（miage）"是仰望的意思，其发音也与"土产（miyage）"非常接近。

③ 宫本常一（1907—1981），民俗学家、农村指导者、社会教育家。周防大岛是他的家乡。

# 一〇

　　"tobi"是被视为"tamawaru"一词原型的"tabu""taberu"的命令形式,同时也是"旅(tabi)"一词的起源。这是我前些年在《农业经济研究》上发表的文章《行商与农村》的大意。这一假说看来有不少批驳的余地,所以根本无人理睬。而且想来,如今就算是证明了这一点,也没多大价值,并且这也不是我的职分。我们只要确认众多的实例可以证明"tobi"一词时至今日也屡屡用于赠答之上,与正月紧密相连,以食物为主要材料,而且不仅限于人与人之间,也以同一名称在人与神佛及物品之精灵间相互授受,并且将之存录下来,便已经达到目的。而这到底是因为怎样的事由而始,并且一直持续到如今的时代的这一问题,如果能够轻描淡写地回答当然再好不过,但在应该存在的同类事例尚未齐备,因此还留有许多谜团的情况下,我们没有义务去强行解释,而且这种做法甚至会阻碍他人的研究。但需要明确一点,即如此不可思议的习俗在全国范围内显现出一致,一定存在某种原因。对此至今还不得而知,这都是因为有关我们前代生活文化的若干关键之处,即便是学者也还未能把握。如果今后以上谜团能渐次廓清,也许今日的历史观也将不得不因之而改变。虽然我们学问的目的并非是为了改变什么，但对众多事实无知就妄加断定的粗暴研究态度，是我们无法容忍的。日本人喜欢送人东西，特别重视同饮共食，将此称为交际，对不参加的人则敬而远之。这一风气也传至今天，由此产生的巨大花销及生活上的麻烦，简直要让其文明国之名蒙羞。如果古代曾经的淳风良俗到了如今存在诸多弊端，那么古今的变迁，正是我们实用的知识。如果不加审度地将其虚掷，又如何能描绘出未来社会的图景呢？

我们的社交生活终始于酒饭，也许是一种颇让人为难的因袭，但其根源却并非动物式的低级欲望。在节日或是祝宴之日，一定要祭神，敬献于神的食物也被提供给人。对未能同席者，人们还会专门送去一份同样的食物，"tobi"也是以用纸包裹并搓捻封口这一共同形式，或是赠予他人，或是带去参拜神社，或是敬献于水井、山神、臼、围炉吊钩等一切值得尊敬的物品。虽然后来分化出"年玉（toshitama）"这一称呼，但在有的地方这两个词语并存不悖。"tama"既意味着灵魂，也意味着分配。"tamashii"的语义已经不明，而"tamashi"或"tamasu"则意味着每个人应得的份额。"tobi"总而言之其实就是个性的承认，用现代的说法，是对象的人格化。"tobi"一词与"taberu""tamawaru"之间确有关联，我认为这一推测大体上是无误的。

一一

　　樱田君采集到的另一个事实是，"tobi"在筑前的地岛据说不能让僧侣看见。正月四日寺里的和尚去各家"回礼"时，有对和尚说"o tobi，收好了吗"的说法。当地所谓"tobi"是指系在"门松"或各种用具上的"o hineri"，但是否已经收好去问和尚也没有意义，其真意，恐怕是在于明示僧侣与庆祝正月的人们之间并非互赠"tobi"的关系。虽然这一用法在今天显得有些杂乱，但依然可以从中看出，正式的赠予是只限于有着共同生活，希望相互信任、亲密交往的对象之间的。周防大岛与日向椎叶村的拜年问答，也能让我们从其言者无意的语句之中，了解到从前我们祖先所抱有的亲疏观念，以及对外界的选择方式。

　　这一点，是证明所谓交易的原始形态曾经与赠答极为相近时不可或缺的一个问题。像日本这样依然显著地保留着相关材料的国度已然不多了，而对之如此不加利用的学界也不多见。不知不觉中，经济的思想逐步浸润，尽量令对方有所得的是赠予，而令对方有所损失的是交易，这两种倾向各自发展，到最后连如此重要的"tobi之米"，也只象征性地剩下包在纸里的三粒，或是如同城区的"十二铜"①一样完全埋没于"o hineri"之中。而我们多数的民间传承也变得如果仅仅取其一端则完全无法理解，只凭着土俗志似的兴趣不但无法处理，甚至提出问题都变得困难了。但幸运的是，"镜饼"这种特殊形式的食物，却颇为神奇地广泛流行起来，并且变得越发重要。时至今日，"饼"的分配，依然局限在从神灵、家人到家畜、器物，即所有我们希望与之交往并增进亲密感且认为值得尊敬的对象上。这与"tobi"或是"年玉"的赠予对象一致。虽然事例不多，但也存在"tobi 之饼"这一名称。日本东北地区，除了前面提到的北秋田的"不带 toppi"之外，尚不得见。而在旧南部领，正月有着"tae 之饼"的说法，直到最近还有孩童们念着"给我 tae 之饼"去各家讨要的风俗。西边长洲的萩町，孩童在正月十四日晚念着"给我 tobi 之饼"去各家讨要(《乡土研究》3 卷 5 号)。而此地附近一带也是极罕见地被称为"tobi tobi"的正月仪式的大本营。对此，以前我曾著文说明，相关的报告也为数众多。"tobi tobi"再往东边，则变成"hoto hoto"或者"koto koto"等敲门扣户的声音，安芸的周防称之为"torohei"，长门则称之为"tohei"，渡海到九州后，则变成"toyo

---

① 江户时代，作为献给神灵的灯油钱，按一年的月份包上十二文铜钱的做法。也写作"十二灯"。

toyo"或"toshi toshi"，但按贝原氏的著述，还是以"tobi tobi"居多。仪式中的来访者带着稻草做的串钱绳或是牵马绳等极少的物品，进行完全不成比例的对自己有利的交易，但依然要采取交易的形式来换取"饼"。此地的来访者多是小孩儿，并没有其他各种祝言，而与此同类的其他地方的访问者中，则有明显是扮成神的样子，或是传达神的旨意的。可以想象，他们曾是年夜里最被人们所期待的来客。萨摩甑岛的某村，访问者反而会为家中的孩童带来作为"年玉"的"饼"。而"tobi"则是在这一值得纪念的访问之际所赠送的食物之名，同时也是希望交往的人们之间的接头暗号。在旅途之中还见不到"茶屋""旅笼"的前代，离开这两个词，旅行者恐怕是无法完成旅程的。如此说来，"tabi"即为"tobi"，也就是我先前的假说不算过于牵强附会吧。

## 附　记

最近民间传承会出版的《民俗座谈》中，提供了一些值得参考的事实，如因为食盒不洗而返还，所以其中的食物要留一角不吃，或是将从别人家得到的食物装一些进去再还等。借用大家的力量，收集各地表示赠礼及其回礼的特殊用语，是判定我此文正误的最为有效的方法。此外，也许今天我们认为毫无关联，但买东西时找回的零钱是如何称呼的，也值得参考，应一并调查。因为这两种思想原本是极为相近的。

（昭和十二年四月　《旅行与传说》）

# "饼 naorai"

想找个诸君此前从未思考过但听着也会有兴趣的问题，并不容易。自从两三年前发表了《食物与心脏》①一文以来，我一直在思考食物与日本人的精神生活之间有着怎样的联系。这一次，我想以正月的"杂煮"为材料，继续探讨一下这个问题。

"zoni"一词，无论谁来写，除了"杂煮"也写不出其他汉字。然而汉语是后来引进日本的语言，一般认为是从中世才开始引进的。所以我们可以就此提出两个问题。其一，如果"饼"的这种食用方式，与其名称一样是后来的产物，那么以前在祝贺新年之际吃的是什么呢？其二，如果风习的存在早于其名称，那么以前又是如何称呼"zoni"的呢？这两个问题也许看起来都有些寡味，但既然无法回

---

① 本书第一篇。

答，我们就不能轻视，我甚至认为这正是接近思想史中重要内容的难得的线索。若非对这些问题基本能够予以回答，实际上是无从断言其是否无味的。

我的方法是从收集和比较全国范围的不同事实着手。而且我认为在调查琐碎的具体做法之前，仅凭其名称，就能有个大概的预估。对九州的诸君而言或许太过普通，但这一地区的许多地方称"杂煮"为"naorai"，当然各地也有一些口音上的变化。例如，熊本县的玉名郡称之为"norya"。在肥前的平户，"norya"也指正月的"杂煮饼"。福冈县的各岛以及芦屋地区，称新年头三天的"杂煮"为"o nourai"。在同县南部的山村，"noure"指吃"杂煮"，但因为同时也一定会伴随着饮用"祝酒"，所以也有人认为"noure"是指饮酒。佐贺县的方言集中说"o norya"是正月的酒，便是为此。

有的家庭即使在祝贺正月之外，也有"naorai"的做法。例如，五岛的福江附近，除夕深夜煮食"杂煮"被称为"nyaura"，而在村祭的夜里，"神主"与"宫总代"等同席饮食也被称为"nyaura shiki"①。筑后②地区知名的高良玉垂神社的"鬼追式"，是该社的祭礼，在旧

---

① 柳田在此将"shiki"视为"shiku"（有"举办"之意）的名词形式。
② 古国名，请参考附录二。

历正月七日举行，这天夜里"松明 mawashi"的参加者进入"酒馔所"领受"神馔"并食用，这种做法被称为"onore"。

日本东部没有将"杂煮"称为"naorai"的例子，但"naorai"这个词在民间流传甚广。例如，信州的南安县郡，每月十七日的山神祭日供品被称为"nore"，尤以三月或五月的十七日为重，此日一定要用米粉制作"团子"，孩子们也称这种"团子"为"nore"。他们清早将"nore"拿去敬献给山神，祭祀仪式结束后则分而食之。福岛县的石城郡，则称之为"o nori"，因为其"团子"是生的且柔软，黏糊糊的，他们的这一称呼中也带有"糊（nori）"的感觉。因为祭祀结束后，山里的乌鸦会来啄食供品，所以当地有"仿佛乌鸦踩着了 o nori"这样的俏皮话，用来揶揄穿着白色"足袋"的肤色黝黑的男性。我认为这些本来是"naorai"，后来也成为其供品的名称。例如，相邻的石川郡就将正式集会之后举办酒宴、大家同饮共乐称为"naore"。

千叶县的夷隅郡，旧历十月十八日制作的供神的"饼"，被称为"御十八夜饼"或"o norai"。和歌山县的东牟娄郡，将用新收割的糯米制成的祝贺用的"饼"称为"nourai 饼"，而具体时机有的村落是在八月十五日，有的地方是在收割结束的祝贺仪式那天。

也许是这一名称的意思逐渐被遗忘，所以才被局限于最为难忘的某一天的供品之上吧。例如，冈山市的近村，撤下敬献给神的供品并分而食之的做法，本来都被称为"o norae"。其中尤以初冬"日待"①这一天的"o norae"的做法最为独特，即要用草绳割开，并在割口粘上"御洗米"。而孩童们往往在记忆名称时联想起此日，所以日后渐渐"o norae"也被认为只是指这一天的行为了。

"naorai"是历史悠久的日语，在众多的日语词典中也有对其的说明。在祭祀结束后将敬献于神的种种食物分而食之的做法，不知从何时起，成了我邦的"naorai"。对此，有着确凿的证据，是无须存疑的。只是关于其由来被解释成是斋戒结束而回归平常的生活，这一点让人心里不踏实。特意将属于神的东西拿来自己食用，很难想象是一种分离的方式。这样的事情，没有必要马上下结论。不妨在了解更多此前未知的事实后，再仔细考量。

我们新近了解的事实有：分食祭祀神灵的供品的做法，时至今日也是普遍的情况，有很多地方依然称之为"naorai"，正月的"杂煮"似乎也是其中之一。如今有很多家庭虽然一定会吃"杂煮"，但却并不祭神。而如今我们在"杂煮"中使用的"饼"，也并非献给神灵的"饼"。如果自古便是如此，是无法产生九州那种"naorai"的用法的。

---

① 旧历的一、五、九月的十五日或农闲日，"讲"的成员集于"头屋"家中，彻夜斋戒祭神，直到日出的仪式。

其实元旦一大早就吃被称为"杂煮"的食品，想起来略有些奇怪。而里面加入的萝卜或是芋头等各种材料，如果没有特别的理由，也不像是新年的食物。

以下是我的解释，而且自信大体无误。这是在认为"年越"即一年的分界是半夜的零点之后，我们想法上的变化所致。在农村，现在人们还将"前天晚上"称为"昨天晚上"，这说明从前第二天是从日落时分开始的。因此新年的第一餐是现在所谓除夕的"年夜饭"，东京地区将之称为"o sechi"，这时须祭祀神灵，郑重用餐。而年关算账总是容易无法按时完成，以敲响一百零八下钟声为旧年结束的外国方式，对于城市居住者甚为方便，于是除夕的"o sechi"也失去了其意义。从前是将敬献神灵的食物撤下，留待第二天早上的新年第二餐由家人分食的。也有地方将"杂煮"称为"mochizui mono"或是"otsuke mochi"，但只限于婚礼或其他时机，在正月还是称"杂煮"为"zoni"的地区要范围广得多。而盆节时被称为"atsume jiru"①的食物，是将各种材料煮在一起，其实也一样是供品的集合，也许只是为了区别，原本应该是称作"atsume jiru"的地方，正月特地使用了

① "atsume"是动词"atsumeru（集中、聚集）"的名词形式，"jiru"是"shiru（汁）"发生浊化后的结果。

"zoni"这个新词吧。相同的食用方法，在正月四日或七日的"杂炊"上也能看到，但其名称是"fuku wakashi"①"fuku iri zoni"②或是"ochi ire"③等。东京以南的海岸一带，将正月前三天的"汁（shiru）"称为"o kan"，青森、秋田二县则称之为"kai no shiru"，都是将各种食材杂然混入的食物。敬神的食物由人分食，是为了实现二者的连接与共同，而如今大小神社的"直会（naorai）"，原本也只是单纯的"神主"的特殊利益，并非粗俗之事。"o kan""kai no shiru"与"naorai"等词，如今其意义都不甚明了，但这也意味着当其变得清晰之时，又将有一些新的知识能够添入我们的人生。正月对我们而言，依然是充满希望的月份。

（昭和十一年一月　《一桥新闻》）

---

① "fuku"是"福"，"wakashi"是"沸腾"之意的"wakasu"的名词形式。
② "iri"是"放在里面"的意思。合起来是放有"福"的"杂煮"之意。
③ 柳田在这里将"ochi"当作"mochi"的变音，"ire"是"放入"之意。

# "午饷"与"间食"

## 一

    从小林君的《方言考》①初稿中没有收录"gocho"来看，"go-cho"或许在越后地区已经消失不见了，但在十年前的《里言叶》②中尚存，对此应该有不少人还有印象。颇有古风、甚为少见的一个词曾经存在于此地。颈城三郡我还尚未确认，信州水内高井的境上村，据我所知也无人能解此语，在会津或是庄内，当地人们也从未听闻过此语③。应该是有什么隐然的支持力使得此语唯在此地得以保存，这样的一件小事，也可以让我们上溯而了解常民

---

    ①   小林存著，全称是《越后方言考》，1937 年。
    ②   根据后面的行文，该书应该是幸田文时著，1925 年。
    ③   本句中的地名都是越后周围的地区。

的历史。

初见幸田氏的方言集①，我就摘录了这么一段内容，并且对其抱有兴趣：

> gocho，近邻、亲戚、知己等家中建房时送去的酒食
> （据说是因为参加者越多酒食调配越不易，如此送去乃此
> 地风习）。

关于田中氏的《佐越方言集》②是否有相关的记载，因其如今不在手边，无法查阅确认，但《温故之栞》③第三十六篇中有相关记载，证明古志郡地区自古就有这种说法。记载中提到有人将该词的汉字写成颇为古怪的"牛肠"，也是指建房时送去的酒食。另外，还有写成"入牛肠"，读作"ire gocho"的说法，是指不把客人请到家里而是将酒食送去其家的做法，这是值得注意的旁证。

---

① 即前文的《里言叶》。
② 田中勇吉著，1892 年。
③ 明治年间越后地区的地方杂志，共 36 篇。1936—1937 年复制出版。

# 一

佐渡地区应该是矢田氏的方言集①中，也有别人家建房时送去的食物被称为"gocho"的记录。山本修之助氏的《佐渡的民谣》②六十八页记载着以该岛特有的词形构成的"踊歌"③：

> 木匠师傅，该 gocho 了！
> 扁柏的手提食盒中，放着豆包。

对之的注释中说"牛肠（gocho），新建住宅、仓房等时，有亲戚熟人送去食物犒劳木匠与出力者之风"。实际上这一风俗几乎遍布全国，并非只限于新潟一县，只是在表示这一风俗的名称上，此地有着其他地方没有的特色。当然，想断定其他地方没有相关说法，也并非易事。比如能登的鹿岛郡志中就有"gocho，捕鱼丰收或新建房屋时的贺品"的记录，如果仔细搜寻，也许在日本海沿岸断断续

① 矢田求著，全称是《佐渡方言集》，1909 年。
② 1930 年出版。
③ 日本民间伴随"盆踊""祈雨踊"等舞蹈的民谣。

续地还可见到，只是在城市或是交通要道附近已经难寻其踪迹而已。我们以日本全国各个角落的采集和各地热心人士的呼应协作为当务之急，目的也正是为了这些悄悄消逝的东西。

三

思考该词的由来时，我想大家都会联想到"go chiso（御驰走）"一词，以及表示累了的"gotcho（或 goshitai）"等词吧。提供给从事特殊劳动之人的饮食，有"dariyame""gokuro sage""sin no yobi"等各种说法，因此也可以牵强附会地说，"gocho"是与之同列的用作慰劳的食物。但从"入牛肠"这样的说法中可以知道，即使并非建屋或是劳动的日子，也是可以送去"gocho"的。而且"驰走"一词在中古文献中的意义，与近来民间的用法颇有不同，后者主要限于饮食。但信州、甲州也存在不同的用法，不但保留了"款待"及"好意"等原意，而且都加上了接头词"御"来表示是来自对方的感谢，并非自己一方的招待。对此，即使是乡间的学者们也常常认为"农村人就是错误多"，这似乎是自古以来的倾向。但我认为人是不会故意去做错的事情的，只有站在这一立场正面求解，才是研究应有的态度。

然而，"牛肠"这一汉字表记还是令人难以接受。我认为这是"gocho"一词的意义渐渐不为人所知后，一些不懂装懂之人想出这样的文字来糊弄那些无法反对的文盲而造成的结果。"hiru ge"①即室外的午餐，被称为"午饷"，是正确的汉语，该词进入日本后，在中世曾经流传甚广。与佛教用语或是法律用语一样，其融入完全不识字的人们的生活之中，是新的风习，也是应当维持的制度；另外，也是由于固有的日语中缺乏强有力的对应词。"饷"这一汉字在字典中也有，简单说就是"搬运食物，或者被搬运的食物"之意。现在的"bento（便当）"一词就相当于"饷"，而"便当"这一文字从何而来，还不得而知。"饷"指各人从自家厨房的锅中直接盛出的、一般是离开家外出时的食物。原本游山时的烤饭团，插秧时的豆粉饭团，都包含在内。而之所以分化成为两类，将装在"menpa""wari-go"②里的称为"便当"，而另一类称为"gocho"，也许是后者是用心而做的"御驰走"的缘故吧。

在我们的日常生活中，一直到近世，都是一日两餐，这如今已是众所周知的事实了。只在有特别重要的事情时，才会在其间增加

---

① "hiru"汉字写作"昼"，是白天或中午的意思。
② 两者都是便当盒，以较薄的木板弯曲制成盒壁，一为圆形，一为略长而两头圆形。

用餐。因此，"hiru ge"原则上就是"午饷"。其遗风，在插秧的时节还能够被清楚地看到。建房虽然是各家的私事，但曾经是家门故旧以至村民邻里均需参加协助的大事，这一点如今也只能通过"午饷"一词来推测了。而记录中最常见的，是有力者声势浩大的行旅，尤其是在行军作战之时。这也是略为生涩的汉语"午饷（gosho）"在大众化时发音变成"gocho"的一个重大原因。若非如此，皋月①的"田植bochi"也应该有着充分的可以被称之"gocho"的条件，但时至今日，还是保留着"hiru ge""hiru ma"等旧日语的原状，正证明了所谓"牛肠"的习俗是独立于其外而发展起来的。看京都缙绅的日记，他们在往返奈良的途中，一定要在宇治与玉水之间野餐。之所以称其为"杂饷"，也许是因为准备了"饼"、寿司、酒肴等种种美食，这个单词今天在九州也保持着生命力。广为人知的博多附近的火车站名"杂饷隈（zassho no kuma）"应该有着古老的由来，而婚礼前后制作并装在食盒中予以赠送的食物，在肥后或是萨摩，都被称为"zassho"。肥前久间村的方言志中也记载着"zassho"是贺礼的意思。说"贺礼"有些不够精确，在别人家红白喜事时送去，助其后厨一臂之力的事例，遍布于全国，有些地方至今还称其为"杂饷"。其他在

———————————

① 阴历五月的雅称。

室外设宴的情况，还有娶亲时的交接仪式时，以及迎接为信仰而外出旅行的村人归来之时。"杂饷限"应该就是相当于其他地方的"阪迎场"①的地名。

四

　　将装在手提食盒之中、开盒即食的食物赠人的做法，在其他情形中也存在，但为什么只有在提供给木匠等人的时候被称为"午饷"，目前还无法解释，这也是我颇感兴趣的问题。火灾、洪水、病人垂危等情况下的慰问，因为事发突然，无法进行周到而正式的准备。赏花、游山、去海边时的便当，是自己也要一起食用的，准备这种便当的心情又有所不同。而从前造屋建房被认为关系到今后的家道，是比现在要重要得多的大事。后来随着专业工匠的加入，一般人在劳务上能够承担的部分越来越少，也许从前的合力劳动也就转化为提供酒食的形式了。我想，这与中世向武人提供酒食是一样的情况。一个名称，意义逐步分化，最后只有最为重要的部分才保留了原来的名称，这一倾向在"gocho"一词上显现出了明确的过

---

① 迎接远道参拜神佛归来的村人之处，一般也是村境所在。

程。大致上对木匠的犒劳即是"gocho"，但仔细找寻的话，极为少见的还有在其他场合使用该词的情况。例如，能登的东海岸，在祝贺捕鱼丰收时，也要带去"gocho"的贺品。由此可知，从前该词的含义应该更为广泛。如果方言的采集也有潮涨潮落的时机问题，那么现在正是最适合的时候。

并非只是"gocho"一词如此，其他还有不少同样处于变动期但还逡巡未去的词语。日本西部的"kenzui"一词，也是指建房时慰问用的食物，并且十有八九限定在这一个用法上。四五年前我曾去壹岐岛旅行，在该岛亲眼所见，时至今日人们对领头的木匠依然十分尊重，除了商议好的工钱以外，还要另外赠送酒或干制的海产品。在山口麻太郎君的方言集中，"kenzui"是新建房屋时亲戚家送来的慰问用的酒肴，有时甚至还包括米、麦等食材。而根据他的《壹岐岛民俗志》，"kenzui"不仅用于犒劳木匠，在被称为"doburui"的参拜神社回来后举办酒席的祝贺之日，近亲知己赠送来的大米等，也被称为"kenzui"。第二天摆宴招待亲戚和帮忙的人被称为"kenzui biraki"①，这似乎也在告诉我们原本赠送而来的应该是做好的食物。

---

① "biraki"是"hiraki"发音浊化后的结果，"hiraki"有"披露，给人看"之意。

# 五

"kenzui"一词分布甚广。例如，在岛根县的部分地区，接近其北境的能义郡，祝贺新建房屋的贺礼被称为"kenzui"。九州中部尚未调查，在其南部该词几乎及于最南端。在大隅①肝属郡的高山地区，"kenzui"是略奢华的料理，需要坐下来慢慢品尝，似乎并不限于在新建房屋时食用的情况。萨摩半岛顶端的东南方村，在新建房屋过程中的三次祝贺，即"手斧立"（开工仪式）、"栋上"（上梁仪式）、"落成"（竣工仪式）的时候，近亲按照自家的情况送去的豆腐或酒肴等贺品，被称为"kenji"或"kenze"。在同地的谷山町，建筑竣工时邻居装扮成其他形象前去祝贺，被称为"kenji"。与"gocho"一样，一个词的内涵因地而异，有的极为宽广，有的又极为狭窄。按我的想象，该词是以与近来美国英语流行相似的方式，被搬运到各地的。安藤佳翠氏的方言集②中记载，在南岛的冲永良部岛，"kinji"是指建房等时亲戚邻居送去的"o yatsu"③。而从伊波普猷氏

---

① 古国名，请参照附录二。
② 应该是《南岛方言永良部的研究第一辑》，1934 年。
③ 现在该词多指下午三点左右的点心，但此处指作为"间食"的酒肴。

的报告中可以得知，喜界岛的"kindi"，冲绳本岛的"kinzui"，都是亲戚家建房时送去招待木匠等的酒肴。看到这里，也许就有武断者会一口断定南起琉球北至山阴的部分地区，"kenzui"都意味着新建房屋时慰问用的酒食了。但如果是这样，存于其间的重要异色便会剥落，思考该词的线索便会失却，辛辛苦苦的采集也将变得徒劳无功。

一般而言，相隔遥远的地方在关于某事物的名称上有着显著的一致，我认为这大体上可以被视为是该名称或内容自古便存于日本的证据，但这只是一种推测，还存在无数的其他可能。某个单词特别迅速地传遍全国的情况，也并非没有。按我们长久的经验来看，与酒食游宴的兴趣一样，为男性专有而将老幼女子排除在外的词语作为一种隐语而流行，有人模仿也有人教授的例子并不鲜见。"kenzui"并非固有的日语已颇为明确，既然有地方在完全不同的意义上使用该词，那么视其为某一地区某一情况下偶然出现的用法迅速传播至远方的结果，也绝非过于牵强的推论。

# 六

如今仍在使用"kenzui"一词的地区，还有近畿地区以及环绕在其周围的若干县郡。而与九州不同的是，该词与木匠几乎毫无干系。我收集到的有以下几例。山城①的久世郡，"kenzui"指午后的"间食"。泽田四郎作君的《故乡》中提到，大和地区也以之称呼"间食"，上午的被称为"asa（朝）kenzui"，下午的"kenzui"也叫"八时（yatsu）茶"②。在滋贺县的方言集中，湖南地区③诸郡将"间食"称为"kenzui"，也用以称呼三餐之外的白天的饮食，虽然没有明确说明，但似乎米饭也可以包含在"kenzui"之内。三重县在菊泽氏的《阿山郡方言集》中④，将中餐与晚餐间的"间食"称为"kenzui"或是"kinzui"，汉字写作"间炊"，这应该是从前就有的习惯。和歌山县的伊都、有田二郡将早餐与午餐之间的"间食"称为"kenzui"，在两三种方言集中都有记录。《那贺郡志》下卷转引《靹渊村志》说夏季有午后食用"间炊"的风习，规定以"jyoki（椀）"盛，每人两碗。综合这些事例可知，在日本东部被称为"ko biru""ko jyohan"的，在中国地区被称为"hashi ma""ko basama"的，也就是这些劳动之日在两餐之间的饮食即为"kenzui"，它们并不特别奢华，人们在这样的场合也不饮酒。如果这些与九州地区的"kenzui"并不相同，那么一定

①　古国名，请参照附录二。
②　"yatsu"指未时，即下午2—4点，因从子时计算为第八个时辰而得名。
③　琵琶湖以南的地区。
④　菊泽氏应该是菊泽季生（1900—1985），语言学家，方言学家。但没查到著有此书。另有阿山郡教育会编《阿山郡方言诐语集》，1904年。

是从一个意思转向了另一个意思。而哪个在前，哪个在后，其实并不难判断。

"kenzui"是从汉语归化而来，这应该没有异议。其汉字，虽然除了上面的"间炊"之外，还有人写作"建水"或是"间水"，但正如《闲田耕笔》的作者①早就指出的，"kenzui"乃是"间食"的中古音，这种说法应该无误。"间食"一词古汉语中有之，也早见于《灵异记》②及《延喜式》③等。对此，种彦的《柳亭记》认为其所言不虚④。但这是原来哪个日语词的译词，我们还不得而知。现在各地的"hashi ma""ko basama"，乃至"haza gui""aida gui"等称呼⑤，都太接近于"间食"的直译，很难想象固有的日语就在这些发音之中。想来是来自邻国的词汇早早归化，民间也长久并用，以致原有的词汇终被忘却了吧。而且"间"念作"ken"，"食"念作"sui"，应是五山

---

① 即伴蒿蹊，《闲田耕笔》是其随笔集，4 卷，1801 年刊。
② 全称为《日本国现报善恶灵异记》，一般简称为《日本灵异记》。9 世纪初期（平安时代初期）完成，作者景戒，3 卷，日本最早的佛教故事集。
③ 平安时代中期编撰的法令集，50 卷。延喜是年号（901—923）。
④ 柳亭种彦（1783—1842），江户时代后期的戏作者。《柳亭记》为其考证随笔，1 册。
⑤ 柳田在此处应是将这几个词分别理解为"hashi（端）ma（间）"（即两端之间）、"ko（小）basa（插）ma（间）"（插入……之间的且是小规模的，basa 是 hasa 的浊化）、"haza（插）gui（食）"（插入的饮食，haza 是 hasa 的转音，gui 是 kui 的浊化，kui 是动词吃 kuu 的名词形式）、"aida（间）gui（食）"（在……之间的饮食）。

僧人①所为，在某一时代作为一种比较俏皮的说法而流行，这也使得一些地方只限于在较为正式的"间食"上使用该词。"间食"的本意在与寺院交往机会较多的近畿地区能够得到特别的保存，从此角度就好理解了。

而江户木匠的职业用语中，将与九州同样在建房之日食用的酒食，称为"kezuri"。如果吾山《物类称呼》②中隐语的说法无误，那么也许江户隐语的起源也可以从这一方面得到理解。在吾山生活的时代，畿内的木匠是将"间食"称为"kenzui"的。而在日本西部，灸治之日的"间食"被称为"kenzui"，这也是重要的参考资料。

我目前的假说是，越后的"gocho"是午餐尚未固定时出现的词，而九州的"kenji"等是三餐之外慰劳用的酒食成为一种惯例之后的新词，但二者今天都是限定于建屋这一值得庆贺的日子，专门指称别人家赠送的饮食，这是值得注意的一个倾向。一方面，在室外提供经过烹调的食物这一习俗日渐衰微；另一方面，虽然建筑已经成为

---

① "五山"本是中国南宋时确立的临济宗规格最高的五座寺院。镰仓时代后日本加以模仿，设有"镰仓五山""京都五山"，及"五山、十刹、诸山"等制度。五山禅僧的文化在思想、文学、生活等各方面对日本文化产生了重大影响。
② 江户时代的俳人、方言研究者越谷吾山（1717—1788）编撰的方言辞典，1775 年刊，收录了日本全国约 4000 个方言词。

专门的技术，亲戚朋友等外行人为此提供劳力的需要渐渐衰退，但以某种形式相互协助的约定尚存，其结果便是从前的"饷"这一习俗在此处得到引人注目的发展，而特别的称呼也随之固定下来。如果不是有着如此错综复杂的社会状况的变化，我们希望通过事物与语言的联系来了解前代的方法恐怕也难以奏效吧。越后地区在这一意义上，可谓是无意识的太史公了。

（昭和十年十一月 《高志路》）

## 附　记

写完上面的文章之后，了解到我认为的表示"午饷"的方言词"gocho"，在飞驒的山村也分布甚广，汉字写作"五长"。丹生川村建房之家的近亲，会设宴款待木匠等人一天，被称为"gocho"。如果新建房所在处与旧家距离较远，则暂借离建房处较近的亲戚或邻居家为场地，将酒肴、"饼"、"赤饭"等运去。无论哪种情况，建房之家都要将接受的情谊记在账上，并且道谢（《飞驒人》5 卷 1号）。白川谷的"gocho 祝"是指新建房屋的祝贺，以木匠为主客，并邀请亲戚及村民参加，与越后等地的事例似乎不同。但这是将对准备"午饷"的人的回礼，与对木匠的犒劳合二为一的做法，在此之前其他人已经在开工仪式等其他机会送来"五长"，不止一次招待过工匠们了（《飞驒人》6卷8、9合刊号）。同样的习俗，以"daiku burumai"①的名称行于全国，亦称"gocho"的也并非仅此一地。三河的佐久岛，建房时亲戚赠送来的食物被称为"gocho"。纪州熊野的北牟娄郡，上梁仪式时关系较近的亲戚要带去一升酒，这被称为"gocho"。这些无疑是古老词语的残留，但为何只限于建房之时，还无法解释。佐渡地区在造新船时，亲戚也会送来酒和食物，这些被称为"ire（入）gocho"，或是将亲戚邀请到家里招待，这被称为"yobi（呼）gocho"，据说这样更为隆重。红白喜事时亲戚也多送去食物，但这种情况没有被称为"gocho"的事例。也许在室外饮食，并且不正式设膳，是"饷"的基本特色吧。越前敦贺的气比神宫有被称为"牛肠祭"的祭祀仪式，不知其饮食具体是何状况，今后想了解一下。

"杂饷（zassho）"一词在九州的方言集中经常出现，相当于今天的"重（ju）诘（zume）"，即装在食盒中的特别的食物与酒，目的是便于搬运。因为它们是在值得庆贺的日子的馈赠，所以方言集中常将"祝仪物"（贺礼）作为其对译。大隅的日向地区，新婚的家庭正

---

① "daiku（大工）"是木匠的意思，"burumai（振舞）"是招待之意。

月赠送给村中年轻人的食物，被称为"nise zassho"，也有被单称为"zassho"的（《旅行与传说》9卷7号）。日本西部其他各地，结婚须赠送"zassho"的地方不少。纪州日高郡的山村，将"樽入"之日①媒人带来的"角樽"称为"dassho daru"。附近暂时没有发现类似的例子，但应该写作"杂饷樽"吧。我认为在使用这类较为俏皮的汉语词之前，已经有了这一习俗。也许"te mochi"应该是相应的固有名称。南海的各岛如今还使用该词，是将做好的食物带去的意思。"te（手）mochi"的"mochi"当然是表示持有的"持（mo）chi"，但似乎与"饼"的"mochi"也有一定的关系。

（昭和十五年一月）

---

① 大致相当于中国的"纳征"。作为婚约成立的标志，男方通过媒人向女方赠送装满酒的"角樽"（婚礼时用的，红色或黑色，有两个向上的长柄的酒樽），称为"樽入"。

# 幸福之木

## 一

　　每逢正月来临，人们总要郑重地祈求人生的幸福，关于这一点，现在与遥远的往昔全无二致，但不知何时，其方法却完全改变了。壹岐地区被称为"sewagi"，上下五岛被称为"sayagi don"①"sayan don"或是"shagi""shawagi"②的树，就连口称其词的人们，也忘记了其"幸（saiwai）木"（幸福之木）的本义。事物尚存而名称已迥异的情况常见，也许是人们渐渐觉得如此单纯且平凡的词汇不可能发生效用的结果吧。就连"saiwai"这一令人怀念的古语，如今竟

---

① "don"可以是"dono（殿）"的发音变化。
② "gi"可以是"ki（木）"浊音化的结果。

也变得除了作为副词，没人挂在嘴上了。

但在九州西海岸的广阔地区，所谓"saiwai 木"，无论其名称还是实物，几乎还以古老的状态保留着。我前不久旅行时曾拜访了位于肥前千千岩村的橘中佐①故居，颇为偶然地目睹了关于"幸木"非常精彩的一例。

橘氏是当地的名门，其故居与森岳城②几乎是同一时代的建筑，也许特别遵循着古例。"幸木"长一丈数尺，横向悬挂于庭院中，从大门一进门的地方向里延伸，从树上垂下十二根草绳。每当正月来临，则在绳上悬挂各种食物。在北九州常常听说的"嫁子鲫"，即新年新郎家与"镜饼"一同送来的一对鱼，当然首先要被悬挂于此树上作为装饰。而富裕之家，在女儿出嫁之时就会兴高采烈地将山鸟、水鸟，以及胡萝卜、牛蒡等色形有趣之物悬挂于此，时至今日这也是必不可少的装饰。在许多家庭，"上之间"③的"神棚"（神龛）正与"幸木"相对，令人神清气爽的年夜灯烛之光与让人踏实的备以迎年的食品交相辉映，我认为这应该是有意为之。国家固

---

① 橘周太（1865—1904），日本陆军军人，死于日俄战争的辽阳战役，死后被追认为中佐，被誉为"军神"。

② 长崎县岛原城的别称，建于17世纪早期，明治后废弃，20世纪60年代后重建，"日本100名城"之一。

③ 日本民居中招待客人的房间。

有的习俗随着时代的变迁早早就发生了变化，其大致方向是省略或者缩小，而发现从前生活中的喜悦，对我们而言已殊为不易。人们开始在房屋中使用令人担忧能否支撑得住的细木材作为立柱，食物也变成有条件的人使用"小锅"偷偷而食，盆节与正月也只剩下表面的形式了。

今天的社会，所谓日本人固有的生活方式中，令人心生抵触的太多。在如此的世道中，还存有这种充分的，虽然略有些粗野，但颇为大方的正月准备，而且还存有时至今日仍称之为幸福之木的土地，是令人颇感欣慰的事实。即使在今天，对于大多数劳动者而言，休息与食物依然密不可分。无论是社会交往，还是人生大事，都是在饮食中完成的。以食物供给的多少来测定初春的幸福这一习俗的存在，对于有着充分背景知识的我们来说，一点儿也不奇怪。

二

"幸木"的风习，如果仔细观察，在很多地方还有所保存，只是各地或是其形式有所变化，或是其名称已异于旧时。"juni fushi"这一名称，在九州和四国都有，意思也一样。写作"十二节"，意味着在树上悬挂的草绳有十二处。从闰年要悬挂十三根来看，这一数字无疑与月份有关，我认为这也是从前占卜的痕迹。此外，有的地方因为要悬挂两条盐腌的五条鲕、鲷、鲑等鱼于其上，所以直接称之为"kake no io"①。而因为不光有鱼，所以筑前的各岛也称之为"yorozu（万）kake（悬）"②。土佐的柏岛及冲岛的一部分地区称之为"ude gi"，而对岸的陆地部分有称之为"tara no ki"的村子。"tara 之木"一词似乎含有深意，但其意不明。而"ude gi"应该是由于树木横放，与其他不同，而被称为"腕（ude）木（gi）"的。

关于此树的大小，不知有无具体的规则。至少材料的种类，如今已是各不相同。千千岩的橘氏使用的是落叶栎树（nara），但附近的土佐使用的是栲树（shii）。

从福冈县的北部开始，使用红楠（tabu）作为"幸木"材料的地域甚为广阔。这种树常作为标志"神之森"的树木，倒也不难理解。此外，比较古风的事例还有一定要伐松为之的。肥后的天草上岛以常绿栎树（kashi）和青竹为"幸木"，而四国的不少地区只用青竹。竹子青翠欲滴、色泽光润，可是每到正月，必须以新换旧。而九州的"幸木"多为常设。说来九州也有两种情况：岛原及壹岐岛的风俗是

---

① "kake（悬）"是"悬挂"之意，柳田在此认为"io"是由"uo（鱼）"而来的。
② "yorozu（万）"是"各种各样"的意思。

以新换旧，而与之相反，五岛则是只有家屋新建或是家有不祥时才会更换"幸木"，一般以平平稳稳数代相传为骄傲。虽然"幸木"平日也会略加使用，举办宴会时更是会被挂满食物，但是新制草绳重新加以固定，新添稻穗及松枝正式予以装饰，均是在年夜之时，所以还是应该被视为初春之木。

若是树木等材料足够丰富，也许每年重新制作"幸木"才是本意。看到"幸木万悬"，我突然想起在近畿及其周围的农村，正月的装饰物中最主要的一样，是颇为复杂、已经无法被称为"注连绳"的东西。一般是将青竹横放，架于半空，除了垂下众多的干净的稻秸之外，正面还悬挂着纸做的"御币"和昆布、"串柿"、橙子等。红色的伊势大虾或许是由于看起来活力四射，也经常被系在"轮饰"①那垂下的细长稻秸上。

如果这只是古来的所谓"shirikume绳（nawa）"②，那么没有必要悬挂如此众多的食物。不管其名称如何，它应该是与九州的"幸木"属于同一系统的习俗。信州的小谷地区有一种被称为"tsutokko"，只在闰年或是有两次"节分"的年度才会换新的正月装饰。这里的

---

① 新年装饰的一种，将稻草编为环状，并有若干须状稻秸垂下。
② "注连绳"的古名。

"tsutokko"是"makiwara"①（箭垛）的意思，放在"福神棚"前，也全被系上各种正月食物。正如其名，这些都是用来观看的食物。

# 三

正月二十日在各处被称为"骨正月"或是"乞丐正月"的理由，从"幸木"便可得知。从前农村的正月，都是从十四日晚开始的，即便如此，到了二十日，悬挂的咸鱼也只剩下骨头了。而这一天之后，就有一段要过乞丐似的生活了，人们心中也会感到空落落的。鱼是先从背面一点点地被削下来，这样能尽量保持看上去美观。有些地方还会在"幸木"后方挂上新制的草席，但到了二十日也要撤掉，快乐的正月于是告以结束。

新春的"saiwai"（幸福），除了食物，还有另外一种。九州的东北一角称幸福之木为"saiwagi"，但到了濑户内海，同一词的意思却完全不同。比如伊予的周桑郡，"saiwagi"是指正月立于大门前的长约二尺的去皮原木。而在备前的邑久郡，则称紧贴"门松"内侧立放着的三根木材为"saeki sama"。

---

① 日本弓道练习时作为箭垛使用的草绳卷。

讚岐的小豆岛在正月期间，有将木材立放，挂上"注连绳"，供上米饭等物的习俗，这根木材被称为"saiki"。淡路的"saigi"则是指将松木切成适当的长短，劈成薪柴状，围在"门松"的根部，用草绳扎紧，它与东京经常看到的大门口的装饰一样，只是名称比较生僻而已。大阪府的泉南也有"sae 木"，在当地似乎已经不被认为是"幸木"了，而指支撑"门松"的三根木头。有的村落需要指定使用常绿栎木（kashi）。伊势的宇治山田被称为"oni saegi"①的，也指同样的木头，但有着在其劈面上用熟炭画上横杠的做法。在中部地区，有着在劈好的木材上画上十二道线，闰年则画十三道线的做法，被称为"十二月"。应该从前是以此来预测每个月的天气的，并没有类似"幸木"的名称。

飞越遥远的距离，到奥州的八户地区附近，能见到"saibagi"。它指在年底"松迎"的日子，采伐门松时一同被采来的松枝，还不知道此松枝到底作何用途，想来是作为正月燃火的材料吧。正史中有向朝廷进献"灶木"作为春初圣火之薪的记录。即使身份卑微的人也要亲自采伐"年木"，准备正月的清净之火，这在文献中也留下了值得信任的痕迹。"年木"是古老的日语，现在各地有着"节木""穗

---

① "oni"一般汉字写作"鬼"。

木""若木""新木"等各种称呼，但通过一定的方式作为装饰的做法，是全国共通的。

在首都，我们常常可以见到摆放在"门松"周围的木桩，便是一例。进出家门之时，见之心喜，感觉薪柴丰足，也是一种"saiwai"（幸福）。将饥与寒这两大劲敌远远拒之门外的祈愿，在此得到了具体的表现。

我们没有必要认为这两种"幸福之木"各自为政。正月将原本用于燃烧炉火的薪柴中最为出色的横放，在之上挂上家中所有的食物，也许就是九州的"幸木"的起源。我认为，"饼花""茧玉""梨团子"等①，虽然如今已经改用垂柳等风雅的枝条了，但其由来也应该是出于与此的结合。

（昭和十二年一月 《东京朝日新闻》）

---

① 这几种称呼虽有不同，但具体做法都是在正月，尤其是"小正月"（正月十五）时，将各种形色的小"饼"或"团子"装饰于柳条等树枝上，摆放在神龛前或室内。

# "田作"与"mana 祝"

一

"小鳀鱼（gomame）的咬牙切齿"①这一谚语，我从小就听闻，因此也知道"gomame"这个词，但一直以为"田作（ta tsukuri）"的说法更为优雅，即使并非在正月，也一直使用后者。但来到关东地区后，发现大家一般都用"gomame"，只有极少数人在正月才使用"田作"一词。于是，为什么要改称为"田作"，在我心里一直都是个未解之谜。"gomame"这一名称的由来，虽然并非已经清楚无误，但似乎与"丁斑鱼（medaka）"被称为"komenjako"，又在九州各地被称

---

① 无实力者的捶胸顿足，多比喻螳臂当车、无济于事。

为"zomame（青鳉）"有关。① "gomame"就算并非"胡麻（goma）眼（me）"，但至少能够想象出是很小的意思。一般而言，单词都是大家带着这样略为模糊的理解来使用的。而"田作"则让人完全摸不着头脑，所以无论是谁，每次听之言之，恐怕都会介意挂怀吧。对语源的穿凿往往成为闲人的话题，但其动机却未必不是出于自然。

"田作"一词的由来，前不久我终于碰巧得知，算是得来全不费工夫。信州上伊那郡的同人出版了一本名为《蓤原》的杂志，其最新一期上刊登了关于下伊那郡远山乡的详尽的见闻录。此处位于深山之中，但从前一定要买来"ta tsukuri"作为"田植日"（插秧第一天）的食物。在当地至少"ta tsukuri"是"田植鱼"，即"田作（ta tsukuri）之鱼"的省略说法。在我看来，同一说法的使用地域如此广泛，证明在从前的某个时代，同样的条件也曾经存在于其他地方，即便是播州这样近海的农村。这一事实与其说反映了从前农民生活的朴素，不如说诉说了他们的贫困与悲苦。在我记事之后，其进步也不过是将之换成了玉筋鱼（ikanago）罢了。被重重山峦阻断的山村只能忍耐着如此程度的生活，令人唏嘘，但同时，也可以理解为虽然生

---

① 青鳉是3.5厘米左右的小鱼，柳田在此可能认为"komen jako"是从"米（kome）杂鱼（zako）"而来的，用米指其个儿小，而"zomame"的"zo"可能是"杂"，"mame（豆）"则是用豆指其个儿小，两种称呼都是形容其个儿小。

活如此艰难，但仍然要在插秧时节吃鱼这一内在要求无比强烈。平日习惯于更为粗陋的饮食的人们，将这一年一度的"田作之鱼"当作一种乐趣、一种纪念、一种剧烈劳动之后的慰藉，是可以想象的。但想来如此的口腹之欲，并非一定要把"田植日"购入鱼味作为唯一目的，除此之外，应该还有某种不可或缺的精神上的理由。如果是单求其味，即便是深山之中，也有无须花费金钱就能捕捉并保存的各色野味。如果也可以是淡水鱼，那么在谷川沟池之中也能获得。而专门花费精力从相隔遥远的海边买来如此不起眼的小鱼于此时食用，其中莫非潜藏着尚不为我们知晓的古来的生活方式？既然知道了"田作"一名的由来，那么，这就是我们要更进一步去探索的问题。

二

在此，又要引用《七部集》①了。《旷野》②中有以下的连句③：

---

① 即《俳谐七部集》，佐久间柳居主编，共 12 册，1732 年左右刊行。收录了松尾芭蕉时代具有代表性的俳谐选集 7 部，即《冬日》《春日》《旷野》《瓢》《猿蓑》《炭俵》《续猿蓑》，从中可以看出"蕉风俳谐"的发展轨迹。

② 《俳谐七部集》之一，山本荷兮编，3 册，1689 年刊行，开始出现松尾芭蕉晚年的"轻快"特色。

③ 多人参加，一人一句，遵守字数等规则的要求，相互承接转换的一种创作形式。记录时每一句之后会注明其作者（雅号）。

和别人一样，腰间插着胁差刀，这就赏花去　　钓雪

不经意地食田作，如此完成精进落　　　　　　野水


　　后一句中的心情，以前我是有些误解了。我曾经想象的场面是，一不小心吃到了赏花时食盒中的"田作"，于是一直以来"精进"①的生活白费了。但如果是这样，"精进落"的意思就跟平时的用法不一致了②。而更重要的是，赏花本就不是秉有"精进"状态的人应该去的场合。所以这一句描绘的场面，应该是与前一句中"和别人一样"相呼应的，即这就准备出门了，但家里太穷，没有像样的鱼可吃，只有拈一点现成的"田作"放嘴里，完成"精进落"后再出门。"不经意"在这里应该理解为"随手""简便"之意，表现出生活质朴、低调而又不失爽快的风流文人的处境。近来所谓"精进"的自诫已不严格，所以结束之时的心情也被淡忘了。但且不说赏花，一般人在"精进"的状态下，是绝不会到人群中去的。而同在《七部

---

　　①　一般指吃斋。也指因特殊理由而在家守戒的状态。
　　②　一般所谓"精进落"是主动的行为，即"结束吃斋的状态"，而这一理解是将"精进落"当作了结果。

集》中，《炭俵》①里还有这样的句子：

确认是否柔软物，偷窥吾妻领口处②　　　孤屋

令人颇介意，分明朔日却为何，使用精进箸　　　野坡

心烦意乱已至巅，八专阴雨霏霏天　　　利牛

　　这里的"精进箸"读作"imoi bashi"，这种筷子上往往带有明确的记号，以与"mana 箸"即用来夹取鱼肉的平时用的筷子相区别。到底怎么回事，为什么还是朔日就早早开始使用"imoi 箸"了呢？当事人对此感到颇为意外而咂嘴的场景，与后面阴雨连绵的"八专"③之时烦躁郁闷的心情相连。即使是古风尚存的地方，根据人们的心情，"精进"是该坚持还是不用坚持，也存在意见上的差异。而想来男人们在"精进"结束可以吃鱼即"mana"时，一定是狼吞虎咽的。

---

　　①　《俳谐七部集》之一，志田野坡、小泉孤屋、池田利牛共编，2 册，1694 年刊行，体现了松尾芭蕉晚年"轻快"的境界。
　　②　此句是承接上句"巡礼"路上旅店拉客的人晃来晃去的状况而作的，描述因为"巡礼"者的穿戴都基本一样，所以拉客之人通过女性衣领处的材料是否是绢制（更柔软）的来判断旅客的家境。因为使用"精进箸"的下一句也承接此句，说的是旅途的情况，所以柳田引用时保留了这一句。
　　③　日本阴阳道中的说法，从壬子到癸亥的 12 日中除了丑、辰、午、戌之外的 8 日，一年有 6 次。据说此时多雨，在农村为"厄日"，忌嫁娶、法事、神佛祭祀等。

食物的"imoi"（忌）伴随着种种的束缚，人们无法长期忍耐也是常理。父母的忌日、参拜寺庙神社的前夜等一心一意固守之时另当别论，其他时候不如说是为了享受结束时的愉悦而禁欲。因此，这一制度也早早就松弛甚至毁坏了。而其中得以长久保存的比较普遍的"精进落"的仪式有两种：第一种是丧葬时的忌，原则上要持续四十九天，近来明确宣告结束的酒宴为"shiage"①，也有不少地方称其为"mana 板（ita）naoshi"②。"mana 板"即为处理鱼的砧板③。但在城市生活中，很难长期与一般社交相隔绝，于是缩短相应的时期也成为一种风尚，甚至在连根本不做生意的农村，这种做法也开始流行。如果是在葬礼五七日或是三七日之后举办"shiage"，也许还会如同"年忌"时一样，特别注意"精进"。但更多的家庭，甚至开始在与之相比早得多的葬礼一结束，就举办"mana 板 naoshi"了。虽然这本是考虑到一些外部者在未曾预料中加入了死者家之"忌"的做法，但家里的厨房只有一处，死者的家人也容易一起进食，于是所谓"忌"就完全丧失了本来意义，也使得我们今天要想找寻其最初的形态，不得不花费更大的工夫。

---

① 动词"shiageru"（最终打磨、完成之意）的名词形式。

② "naoshi"是动词"naosu"（更改、重来之意）的名词形式。

③ 日文中一般写作"俎板"，读作"mana ita"。

# 三

　　第二种"精进落"中比较为人所知的，是盆节"斋日"结束时的仪式，一般在"送魂"仪式之后的十六日举行，自古此日的"精进"是为期不长的。听说在鸟取县的乡间，今天也有将此日称为"shoji ochi（精进落）"，并且要做鸡肉火锅食用的地方。但我认为自古便是如此，甚为可疑。志州①答志岛的事例（见于《近畿民俗》），也是在七月十六日"送精灵"仪式之后，做法事清洗佛龛，家中重新生火，将鱼在灶上熏制而食，以此来结束"精进"。一定要结束"精进"的原因是以"imoi"（忌）的状态是无法出海从事第二天的工作的。这与当地盆节十五日不能出海，若出海就会碰到怪物的俗信，是相互呼应的。而前一年家中无人离世的家庭，盆节也需"精进"的做法是否固有之俗，还难以断定。因为各地都有着此日即使是偶然吃素，也为人不喜的风俗。例如，在东京，我的养父在其母亲健在的时候，每逢盆节一定要出海捕鱼，杀生烹制，给母亲食用。这也就是中世的文献中常常可以见到的"生见玉（iki mitama）"的习俗。"生

---

　　① 古国名，请参照附录二。

见玉"的料理中是否包含着鱼，我还未见到明确的记载。但一般是出门在外的子女送给父母的食物，所以如果没有特别的说明，应该看作平常的内容吧。而子女们在父母身体康健的时候，也要设法吃到"namagusa"①（荤腥）。在信州经常可以听到，也许其他地方也有同样的说法，即盆节之时，父母健在者一定要吃鱼，如若不然，则会被死者吸精于口。这真是可怕。如果死者只盯着父母健在者的嘴，那也太奇怪了，这应该是不愿意与家有不幸的人过同样的生活而产生的说法吧。"身祝"②一词，各地在这种时候都会使用。讚岐的三丰郡称七月十四日是"人之盆"，作为"身祝"，双亲健在者要在下午吃鱼。我家虽然只有单亲健在，但也举办了"身祝"的仪式。奈良县一带，有"suwari zakana（鱼）"③一词，是指在双亲健在者的膳食中提供的咸鱼。无论何处的"盆市"上，被称为"刺鲭（sashi saba）"④的两条连在一起的鱼干都十分畅销，正是为此。"目刺（me sashi）""颊刺（hoo sashi）"⑤等作为商品逐步普及，也是因为有着盆

---

① 汉字写作"生臭"或"腥"，特指鱼、肉。

② "为了自己的祝贺"之意。

③ suwari，动词"suwaru"的名词形式，是"摆放着的"之意。

④ 将从背部剖开去除内脏后展开晾干的鱼干两条叠放，在鱼干的头部将其串在一起。"sashi"是动词"sasu"（"扎、串"之意）的名词形式。

⑤ 从鱼眼处，或是从鱼鳃处，将数条整个晾干的小鱼用竹签串起来的做法。

节、正月的仪式，以及如"田植日"的惯例那样的一般性需求，并非因为饮食上的喜好或流行，我想商人们对此应该更为心知肚明。前面介绍过的伯耆农村的例子中，将盆节时双亲健在者吃"刺鲭"这件事称为"sashi saba ni suwaru"，还流传着不明其意的小孩儿一屁股坐在了鱼上的笑话①。也有地方以沙丁鱼代替鲭鱼，"盆市"也有将数条沙丁鱼尾巴向内摆成圆形出售的。这些都只向双亲健在者提供（《因伯民谈》2卷1号）。顺便提一个我的发现。日文汉字写作"鰊"或"鯡"的叫作"kado"的这种海鱼②，为何被称为"nishin"，还不清楚。字典中的解释是因为剖为两半晒干，所以叫作"二（ni）身（shin）"，但这种命名法在日语中是无法成立的。应该是因为这是盆节特地向"二（ni）亲（shin）"健在者提供的鱼，所以叫作"二亲之mana"或"二亲之鱼"，后来省略了后半。向双亲提供的"饼"有地方称其为"nishin mochi"，所以我有此说。

### 四

　　而由此更进一步，可以想象正月的"幸木"上，或是庆贺的

---

①　动词"suwaru"最常见的用法是"坐"。
②　指沙丁鱼。

"晴"之场合，一定要悬挂的被称为"kake no io"（悬之鱼）或"nirami（睨）tai（鲷）"的一对干鱼中，也蕴藏着使得这一日不为"精进"的巨大力量。这样的场合，各家都会尽量显得食物丰盛，在选择上也不加限制。虽然鱼是极正式的内容，也并不是特别显眼，但在信州的大山深处，生活极不方便的远山地区，如果听任自然，就会一无所有，出现事实上"精进"的状态。在现代的经济组织中，无论是怎样交通方便之处，也很可能有一部分人，事实上不得不忍耐着与"忌"时一样的饮食。而处于这样的状况中，却依然因为是正月，或者因为娶媳妇，所以一定要吃海里捕捞的东西，为此甚至不惜勉强而为、百般筹措，这是人的意志。因为其背后的某种巨大的力量，此时不吃则于心不安，或是如果能够切实获得这样的食物，则会从心里感到幸福，这正是我们希望究明的国民的风习。在除夕过年的"osechi"（年饭）上吃五条鰤鱼的习惯，如今已经遍及全国的主要都邑，甚至及于海外的日本侨民。这对于五条鰤自然不是什么好事，但如此众多的同胞在一个特定的时期，以同一种心情来吃鱼，则是令人心里感到踏实的一致。如果只是五条鰤，也许还可以说只是一种流行，但有些地方使用古来的盐腌鲑鱼、鳟鱼，有些地方则称其为"年越鳕"，即在"向付皿"中摆上一条小沙丁鱼，而更为质朴的地方，这时候也需要摆上唯一的海产品"田作"。我认为，这是因为人们保留着如果嘴里不能感受到点鱼腥味就无法堂堂正正地步入新正的感觉。

今天我们常听到的"尾头（o gashira）附（tsuki）"（首尾俱全）一词，并非是古已有之，这有些搅乱上面的历史的感觉。例如戏剧或是小说之中，经常有这样的情景：母亲或是祖母在孩子第一次出远门，或者找到了新的工作的时候，感叹地说要在其膳食中加上一条小沙丁鱼，再不济一条小鳀鱼也行，总之是要首尾俱全的。但这未必是原本就有的条件。确实，首尾俱全的状态，看上去的确让人赏心悦目，这也成为了"悬鲷艺术"的肇始。虽说如此，没有人会认为比起一大块盐腌的五条鰤，小小的一条鳀鱼或沙丁鱼会更为有效。首尾俱全只不过是个形式，在这些被置于普通饮食之外的时代来临之后，人们才开始尊重这样的概念。同样作为形式上的食物，"熨斗（noshi）鲍（awabi）"已经极度变形，根本分不出哪是头尾哪是眼鼻，但依然作为婚礼的道具出售于高级百货店，正月里则被置于"三宝"之上，摆在家里的玄关处，而坚守传统的客人上门后也会拿在手里装作"mana 食"的样子，之后再拜年。总之，其目的是对并非"精进"状态的确认。我记得自己进小学的那天，家里特地为我在饭里加了"鲣节"。所谓首尾俱全，只不过是近代的修辞而已。

# 五

东京近年在正月，有印刷好的装筷子的纸袋出售。经常能看到其表面有一处画着两条鳁鱼，用"水引"①连在一起。如果是礼品，则在此处会用平假名写上"noshi"，或是将彩纸折成的小型"noshi"粘在此处。由此可以推断，在赠礼上添加"noshi"，是必不可少的"熨斗鲍"的一种省略，也是"精进落"的一种形式。因此，"noshi"在丧事的吊唁时绝不可使用，而赠送所谓荤腥之物时也无须添加。"noshi"是一种手段，即不管对方是否实际食用，它能保证自己赠送的物品极为平常，不带半点"忌"的束缚，而对于实际处于"精进"状态的人，则会起到扰乱和破坏的作用，所以就不宜出现了。

在我出生的地方，烹制鲷鱼、五条鲕等吉利鱼时，会将鱼尾、鱼鳍留下来，贴在木板墙壁上。赠送简易礼品时，将它们一点点拆下来，作为"noshi"一并送去。这种做法分布甚广。日本西部将之称为"namankusake"，而东京等地略重要的赠礼多会添加"鲣

---

① 系在红白喜事赠送的礼品等包装上的红白或黑白的装饰用的线结。

节"，称之为"namagusa"。这两种名称指的都是本来应该一并赠送的真正的生鱼。樱田君采集来的北九州的习俗中，应该可以与此相比较的有两种。一种被称为"kokofuku"，即与茶水一起附上用以就茶的"香之物 ko no mono"（泡菜）时，常常在茶盘一角放着的小河豚（"鰒 fuku"）干。这表示有了它在，喝茶和吃泡菜时绝非"精进"状态。在意图上，它着实与赠礼的"noshi"非常相似。而另一种是固守传统的家庭中，时至今日也在正月搓"岁绳"时将咸鱼放在手边，一边用手摸鱼一边制作草绳的风俗。乍一看似乎是玷污了清净，但其中含有的感觉是若非如此就无法明确表示这一晚并非"忌"。实际上对于寻常人的生活，完全的清净也并不适宜。

"精进"一词是中世进入日本的外来词，因为一直是宗教家们特别操心对其的解说，虽然最初采用时未必如此，但后来该词的意思却大有偏颇。我相信在该词进入之前，其指示的内容已经存在于日本了。而关于改称"精进"之前的日本的国语，虽然也可能有别的称呼，但在元禄①时代的俗信"精进箸"中的古代读音"imoi"，无疑应为其一。"imoi"与"iwai"的语源相同，都

①　江户时代的年号之一。

与动词"忌（i）mu"紧密相连，但中世以后早早便分化了。这在古书中一定有无数的例证。我们的所谓"iwai（祝）"，包括前期严格的禁戒与后期解放的欢喜。因为用一个词来综合称呼这两种状态不太方便，所以"iwai"不知从何时开始仅指后者，即转为专称后期的愉快场面，而对于另一种深受束缚的生活，则使用"imai"或"imoi"来称呼。因此，佛教的所谓"精进"，严格说来无法等同于其中任何一个状态，只是在为了得到幸福的结果而禁欲这一意义上，能够代替"imoi"使用，于是在历史的变化中，不免出现了若干混乱。

其中，站在修验者或是祈祷师的立场上，将"精进"看作独立的善事，用"落（ochi）ru"①这个动词来描述从其状态中解脱出来，是一个令人悲伤的误解。"imoi"本身绝非什么幸福之事。只因其为随后愉快、开朗生活的条件，所以人们才甘受其制、谨慎处之的。结束这种状态是一种解脱，与从激烈的狩猎或战争的责任中解脱，终于可以得到休息一样。对此，如果有一个更为积极的名称，也许从前的心情也不会如今天这般湮失消散了，这是颇令人遗憾的。

---

① 有"坠落、跌落"之意，方向是从高到低，寓意从好到坏。

# 六

在"精进"一词进入日本之前,是不可能存在"精进落"的说法的。那么人们是如何称呼从慎诚生活中脱离,回复到自由的常态的呢?有关于此,也许有种种其他说法的可能性,但我认为应该是进入中世以后的"mana 祝",即在上代文献中的"真名咋(mana kui)"①。至少所谓"精进"的结束方式,除了食用"mana",即特定的鱼之外,别无他法。字典上说"mana no iwai"是指婴儿的"鱼味始",即今天的"初食"或"百日(momoka)"仪式。这当然是重要的一种"mana kui",但之所以要庆祝,是因为婴儿至此能够加入这个世界的平常生活中来。从同一观点出发,对从丧事的"忌"中解脱出来者,应该有更大规模的祝贺。从前,送别死者后五十日或是七七四十九日内,其近亲要断绝与外界的联系,几乎在物质生活的所有方面,都要与社会的普通生活做法相反。这对人们心意及感觉上的压迫是极大的。因而受死者影响的火重归清净,制约得到解除,终

---

① "真名"的读音为"mana","咋"作为动词读作"kuu"("吃"的意思),"kui"为其名词形式。

于可以回归正常的社会生活，也是必须隆重纪念并且大肆宣明的巨大欢喜。与佛法的戒律相悖，在这一交界处，人们是大口吃肉，并爽快地打破所谓杀生戒的。所谓在家佛教的典型，前有"山卧"①，后有一向宗的念佛众。他们所遵守的"精进"规则，与我们民族固有的"imoi"十分相近。即在葬送法事之时，或是极为肃穆的仪式之前，尽量缩短"精进"的时期，结束后迅速回归到自由的生活。因为"僧"或是"精进"等词都相同，如果试图与其他佛教宗派一同解说，那么即使是加上相当程度的牵强附会也会不敷使用，只能去糊弄一些愚夫愚妇了。他们的"精进"方式之所以不同于其他，只不过因为遵循着日本传统的方式而已。如今如果不由此入手，已经无法探寻佛教之前的斋忌习俗了，所以更希望大家对此切勿轻慢以待。

在不远的将来，我们应该可以证明"忌（imi）"与"秽（kegare）"从前是极为相近的。差别只在于"忌"是我们制订计划并主动为之，而"秽"则是因为违反意愿的外部冲动而不得不受其约束，其后二者才逐步远离。但这二者不但长期以来用法混杂，其结果也有不少共

---

① "yama bushi"，也写作"山伏"，在山中修行的修验道行者，也被称为修验者。

同点。"精进"的本义以意愿为要件，应该说更接近前者，而这方面首先衰微，后来大都是所谓"触秽之忌"得势。在正月的庆贺，或是婚礼、"元服"（成人）、"家移"（搬家）等仪式上，"iwai"如今都只变成了吃鱼饮酒，但想来从前作为事前的条件，也是有着难熬的禁欲期的。在"产屋祝""厄年"的"年祝"上，还保留一些微弱的痕迹。在插秧时一定要吃鱼，这与搓"注连绳"及赠礼时的"namagusa"（荤腥）一样，并非只是保证了受死者影响的火的清净无秽，也能让我们想象从前此时应有过短期的"忌"。所以，尽管没有人这样表述，但其实这些也是一种"精进落"，至少曾经是正式的"mana祝"。

（昭和十二年二月 《近畿民俗》）

# "noshi"的起源

## ——日本的 folklore

此文是我写给外国读者的，按计划将翻译为欧洲语言。但译文能否充分传达出原意，仍让我有些担心，为慎重起见，决定保留原稿，登载于本刊。这并非是因为本人觉得时至今日，面对《因伯民谈》的会员诸君，还需要如此细致甚至略嫌啰唆地加以说明。只是想让大家知道我曾如此教示那些希望了解日本的外国人，同时也希望诸君重新思考一下如今从事的学问有着怎样的世界意义。

一

我们赠送东西时一定会加上"noshi"，这是只要略在日本生活的外国人都知道的。但如果问起其起源或是意义，恐怕大多数日本人都已经无法回答。在我们的"folklore"（民俗）之中，这种情况极多。往往仅因为从前极为普通，或是过于理所当然，所以这类民俗既不见录于书籍，也不受教于学校，一旦在不知不觉中其外在形式略有改观，作为其根据的思考方法发生变化，人们则迅速将之忘却，于是文化史的某个十分重要的脉络也便就此断绝。就在这一变化最为危急的时候，此种学问的研究在年轻学徒中兴盛起来，这不独有助于日本，对全世界的志同道合者而言，也是难得的经验。在率先创造出"folklore"一词的国度，时至今日，此种资料的采集似乎已经殊非易事。如果不亲赴穷乡僻壤，或是通读农村的报纸，不做太大指望地等待那些难得一见的事件或奇闻出现，就没有把握新问题的机会。继而需要对入手的资料(也许称作古风生活的碎片或是痕迹更为妥当)加以耐心的整理，并与远方的同类事例进行比较。总之，为了有所发现，需要付出极大的忍耐，并且伴以若干的空想。而在我们这里，问题可以说遍地都是，而且能够在各地观察到同一习俗或是习俗传承的所有变化阶段。只是此前没有人将其排列起来，作为一件事情加以思考而已。处于如此丰富的资料之中，所谓的论证没有太大作用。只需根据不断涌现的新的发现，对之前的假定加以修正或是补充即可。我感觉"folklore"在其本国含有"细微的"或是"资料极为匮乏"的含义。也许为了表示出此种在东洋西洋之间保存状态上的差异，日本还是另外设定名称为好，但我们眼前的各种事实无疑也同样是"survival"（残存）。现在的文化无须对之加以说明，只是以从前便是如此作为理由，将其编入自己的组织之中。因此，若非有着共同语言和共同感觉的人，其中的一些是难以搜求的。在这一点上，与其他所谓"土俗志（ethnography）"的资料，不可同日而语。

二

作为说明日本学问特色的例子，还是"noshi"比较合适。由于长久的风习，如今如果没有附上"noshi"，我们甚至都会感觉没有收到赠礼。因为某些原因没能附上时，人们一定会表达歉意，希望收礼人在心里能够当作附上了"noshi"。但如此不可或缺的东西，也有三种情况是绝不可附上的。其一，赠品本身是鱼、鸟之时；其二，赠品之中已经含有动物性的食材，如"鲣节"时；第三种重要的情况是在葬礼法事等"精进日"，即不可食用所谓荤腥的日子赠送礼品时。人们至今遵循着这些规定，如果因忘记而出错，至少会被大大地嘲笑一番。只需以上这些事实，我们至少就能判断"noshi"似乎是代表着鱼类及其他所谓荤腥食物的。

由于"noshi"是商品，所以农村经常有家庭并没有准备"noshi"。

这种时候作为代替的，最为质朴的例子是一根鸟的羽毛。或是经常可以看见人们在烹调海鱼时留下其尾鳍，贴在门板或墙壁上晾干，在赠送简易的礼品时，拆下一小条，代替"noshi"一起送上。或者将"noshi"的日文平假名像画画一样画在包装纸上，当然这不太适合不识字的对象。在小学教育普及之后，这种方法的使用者才渐渐多了起来。此外，东京等地还有俗称"imo"的写法，因为看上去像日文平假名的"i"和"mo"而得名，实际上它并不是文字，而是"noshi"的一种，即"束noshi"的简略图画。

一般而言，"noshi"进入近世后开始变得小型和简略，但直至今天，还是能在几种特别的情况下见到正规的大型"noshi"。其一是婚礼的庆贺，不但巨大的"noshi"会依照旧日传统出现在男女双方交换的各种礼品之中，而且不用纸包裹的长长的"熨斗鲍"，也会在夫妻的"杯事"①之时，作为仪式之肴摆放在二人面前。第二种情况是新年，同样是摆在"高折敷"②上，一般装饰于壁龛之中。也有的家庭摆放在玄关正面，即客人进门一眼就能看到的地方。这种"noshi"的用途很多人都已经忘记，现在它几乎成了一种无意义的

---

① 即"三三九度杯"，夫妻双方分别将三杯酒各分三口喝完。
② 下装高台的"折敷"。

摆设。但综合各地的众多事例，就可以知道，这曾是正月的正式食物。日本海沿岸的几乎所有地区，将此种摆在台上的食物称为"御手掛(o te kake)"。新年当访客来到门口时，主妇会端出此台迎接，作为形式劝客人食用，而客人也将手放在台上，装作已经吃过，向主人道谢。有不少家庭在家里祝贺的酒席上，也会从主人开始，将此台顺次传下，直到下人，其中确实有将台上食物放入口中食用的家庭。"喰(kui)积(tsumi)"这一异称，本来就因拈取食用而得名。但作为食物，台上摆放的东西都已经被时代淘汰，只有"串柿"还颇受小孩子的喜爱，其他都只是我们牙齿坚固的先人们曾经常吃而已，今天是不会摆上餐桌的。"noshi 鲍"便是其中的一种。现在因其购买不易，一般家庭都已经省略不用了，取而代之的是"干(hoshi)鳔(surume)"(鱿鱼干)或是"gomame"(鳀鱼干)等取自海洋的动物性食品，它们是必不可少的。

## 三

"noshi"是鲍肉被连续不断地刨为长条并展开晾干的食物，这一点除了直接从事其生产的人家，几乎被人遗忘了，其原因全在于料理方法的变迁。在日本，最近的短短百年之间，普通人的食物几乎发生了翻天覆地的变化。最为显著的几个特点，首先是整体而言甜味增多，这是砂糖更容易获得的结果，并非日本特有的现象；其次是"sukiyaki"（日式火锅）这类温度高且汤汁多的食物大行其道，这是由于木炭的普及，以及"konro"或"火钵（hi bachi）"等简便火炉的增多。从前的人们也喜欢吃热的东西，但仅凭围炉的柴火无法供给多人，所以正式的会餐，都是以冷物及干物为主；最后一点是整体而言食物变得更柔软了，这是近代以后出现的新现象。在日本，牙医这一工作现在十分兴盛，这是食物料理方法变化的原因，还是其结果，尚无法明确断言，但今天凭着日本人的牙齿完全无法处理的食物，我们的父祖是能够若无其事地咬碎嚼烂的。"米嚼（kome kami）"是在耳朵与眼睛之间①的肌肉的名称，由此也可以看出以前此处需要特别着力的食物众多，生米也是其中之一。正月装饰于被称为"蓬莱"的台子上的，或是婚礼时在今天只是作为观赏，但仍要作为下酒菜提供的颇具古风的食物，都是这种坚硬干燥，不经火烤水煮就能直接食用的东西。其中"noshi"即拉长后的干鲍，似乎在较早的阶段就不再作为一般人的食物了。但其理由是出于经济，而非生理。随着这种海味产量减少，市价升高，其他看上去更加美味

---

① 即太阳穴处。

的种种食材，价格都远在其下。因此只有若干富裕之家，从一开始就放弃以此作为营养来源的念头，限于一生仅有数次的祝宴之时，只在遵循古来仪式的意义上加以使用。其与餐桌的缘分于是越来越远，"noshi"的生产方法也随之发生着变化。近来以装饰为主的"长（naga）noshi"修长美观，尽量被拉长制薄，变得如同赛璐珞一般半透明，闪着光芒。它看上去固然漂亮，但其代价是无论牙口多好的人恐怕也无法下咽。简朴的家庭在仪式结束后，会小心翼翼地将其收好，留到下一次机会使用，或是借给需要的邻人。因为每次使用时都要重新以纸包裹，所以如今纸的包法、结的打法，倒出现了不少煞有介事的讲究。进入明治的统一时代之后，这种风习一面继续向无数小家庭普及，一面变得更加形式化。而都市的零售商业在一旁促进了其发展，这与其他生活部门的情况并无差别。从前只需添加一片鸟羽，或是海鱼尾鳍的一小部分的简易赠礼，如今也需要正式贴上以"noshi"为名的装饰了。虽然与婚礼及其他重要的祝贺之日使用的正规的"长 noshi"相比，简易赠礼上的"noshi"小得几乎与"长 noshi"不像是同一个东西，但以印刷着红蓝花纹的白纸包裹的方法与正规的"noshi"并无二致，而且如果仔细观察，还能看到其中确实夹着宽约一厘米的"熨斗鲍"的细片。而近来更是省略实物，只以黄色的颜料描画其形，或是干脆在一张纸上印上整个"noshi"

的画面。但也可以视为，我们对赠礼必须附以干鲍的旧习，固守到了这样的程度。

四

"folklore"的趣味，并不限于这种难以证明的古风仪式及做派如今依然被质朴地固守着这一点。更应该追根溯源的，是为何日本人如此喜好授受司空见惯的食物，而且不忘在其中添加某种"nama-kusake"（荤腥之物）。我们的饮食，平日都是各家各以现有的食材应付了事，但一年中特定节日时制作并食用的食物，至少在当地是一致的。甲家春"饼"之日，乙家也必定在做"饼"而食。即便如此，如果做好后不送到邻居、近亲的家里，则会被认为缺了礼数。最近虽然人数不多，也出现了认为没有意义而停止这种做法的人。但其实这种喜庆的食物，不仅与家里人一起食用，而且是希望通过广泛分享给平日承蒙照顾的人，来创造出肉眼无法见到的相互之间的紧密关系的。这与家里有结婚生子等喜事时，一定要广请亲戚朋友，做出各色菜肴在家招待，本来是同一个目的。在日语中，这种关系被称为"morai"。乞丐被称为"morai"的源头与此相同，如今乞丐已经不是受欢迎的共同饮食者了，但从前，他们是口念常人无法说出的福寿之词，代表神灵，或是自称有力神灵之名，拜访各家的。满七岁的儿童在正月七日从七家讨粥食之可保苗壮成长，或是处于"厄年"危机的男女在正月最为神圣的夜晚遮盖面容拜访邻家讨"饼"食用，其实也是其中一种。而相信从尽量多的家庭讨米煮食可治疗某种疾病，也是其例。为了保证这些食物绝非不祥之物，一定要添加若干动物性食品的做法，最初也是因为与所谓身体的联系，夸张一点的例子，比如歃血为盟的思考方式，是建立在同一基础上的二次习俗。

日本人的生活中无疑有着自古以来的种种限制，但素食即在需要慎忌之日禁食活物之肉的风习，至少一部分是来自国外的新的规则。日本固有的食物中既有谷物也有鱼贝，因为地理的关系其中一种难以获得的情况另当别论，并未发现任何曾特别在此二者之间有过选择的痕迹。众神的祭典无论何时都要敬献鱼类，也有为数不多的以鸟兽为牲的事例。佛教除了杀生的戒律之外，还往往将荤腥之物全部排除，以遵守这一条件为最为明确的信仰目标。然而除了少数的笃信者之外，人们只是在为近亲服丧，或是供养死者之时，不沾一切鱼鸟肉食，严格遵守这一规定。这与我们将这两种丧礼仪式全部委托佛门有关。日本人大都对死秽极为避忌，完全不愿与服丧之人同桌共食，也不愿与之一同工作，于是这些人不得不在生活上面对种种的限制，这是事实，但他们并未按照佛法的指示在食物上也加以限制。起码在处于丧礼之外的"秽"时没有食物上的禁忌，而近来举办的神道的丧礼，也没有这种要求。日本的"精进"分为神道、佛教两种，而凶礼之间在"精进"上也有着明确的区别。不如说是为了保证及强调已从日本人最为避忌的死秽中解脱出来并重获清净，才产生了明示自己并没有采用佛教方式的必要。绝不能在丧礼的赠品上添加"noshi"的做法，从这个角度看，有着充分的理由。可以说是外来宗教终于使得"noshi"在日本成为必要。

## 五

目前在各地陆续发现的颇为少见的风俗中，有不少能够间接地支持我的假说。例如，中世以后的习俗之一，即有客人来时先要煎茶以待，并佐以点心或是泡菜。这些简单的饮食都是植物性的，没有半点荤腥的影子。也许正是介意于此，在九州北部一带，人们一定要将小小的形状颇为滑稽的河豚鱼干放在茶盘的一角，称为"香香鰒"①。当然这并不是拿来食用的。在同地，正月人们搓"注连

---

① "鰒"为河豚的日文汉字。

绳"时，一定要关门闭户、杜绝外人，在手边放一条鱼，在制作这一有着神圣法力的草绳的过程中，时时用手去摸手边的鱼。正月里对家中一切家畜（包括老鼠）及各种用具，都要给予假期，并分配些许新年的食物，这是全国性的风俗。很多地方对此也要添加荤腥之物，以显示并非"精进"状态。而有的家庭会在去汲取"若水"，即初春第一次的水时，用纸包上少量米和"鲣节"的刨花，敬献给水井之神。这并非远古以来的原样做法，只要看看日本东部一般只是带一张"饼"（被称为"水饼"）去就可以知道。农村家庭能够使用纸张，是非常晚近的事情。此外，七月十五日被称为"盆节"，与西洋的"万灵祭"①一样，是供养所有亡魂的时节，因此原则上各地都不食用荤腥，但也有一些显著的例外，如东京等地，双亲健在之人在这三天要尽力撒网垂钓，捕鱼来给父母食用。也有说法是双亲健在之人在中午晚上两餐，而单亲健在之人则在其中任意一餐，一定要吃鱼，不少地方为此要在"盆节"专门去买干鱼。甚至出现一些令人毛骨悚然的说法，比如若非如此就会被死者吸精于口。服丧之家的"精进"时期，从前一般是四十九日，现在渐渐变短，很多家庭五周、三周，甚至短短七日便告结束。这期间当然不吃鱼类，但最后

―――――――――――

① 即万圣节。

一天来临则会急忙买鱼，招待亲戚朋友一同饮食，也就是回复普通生活的仪式。即使平日没有财力购买鱼类的人也是如此，这给人的印象尤为深刻。被称为"田作"的鳀鱼干，是个头最小，也是最为廉价的食品之一。其名称显示了水田劳作者在劳动开始第一天的祝贺之时，为了显示其仪式的喜庆，至少要吃点鳀鱼的心情。事实上，有的深山中的村落居民，在"田植日"即将到来之时，哪怕是从拮据的生活费中硬挤，也要花钱去购买这种小鱼。如今交通变得方便，农民的生活也得到了改善，即使并非海边的村落，也有更多的家庭能够买到更好的鱼类，作为"田植日"的酒肴了。不管平日的饮食如何，在水稻的栽培季节，家家户户都要吃一点鱼，这绝非只是与食物的热量有关的问题。

# 六

在此我们必须注意的问题是，无论处于大山之中怎样的村落，山谷的河流中也有淡水鱼、螃蟹以及小型的贝类。如果只是想获得有"荤腥"味的东西，用不着特地跑到集市，花费并不富余的金钱，有无数的方法可以实现。但即便是为沙丁鱼干这种毫不起眼的小鱼，人们也愿意从数十里外的远方买来食之，这应该是因为集中于海产品的某种偏好还潜藏心底。这样看来，作为食材而观察的所谓前代动物学的分类，与我们今天一般的分类法，颇有不同。例如，昆布，因为是远方的海中所产，所以与鱿鱼及"noshi 鲍"属于同列，正月也位列喜庆的装饰食品中，在食材极为贫瘠的地方，还被认为可以代替其他荤腥之物。兽类中牛绝不可食用，而食鹿、野猪、熊肉者不可接近神灵及贵人身前，在家中也需使用其他器皿，或者烹调时不能使用围炉的火。其中唯一比较特殊的是兔子，也许因为是"鹰狩"时最普通的猎物吧。有人说，兔子与鸟同类，所以用于二者的量词一样①。而鸟类中，除了山鸡、野鸭等极少的两三种之外，都不在我们所谓"荤腥"的范围内。与鸟兽方面有着如此众多的限定相比，海产品都是可喜之物，是自由并拥有解除"精进"限制力量的食物。也许这是和族的远祖繁盛于海边，其生活原本更加亲近大海的痕迹吧。从内陆的泉水或是山岩之间采盐，在日本几乎毫无希望。尽管如此，只要略加调查便会知道，时至今日，无论在怎样的深山之中，日本人都大量地，并且为了种种重要的目的而使用盐。也许世界上这样的民族并不多。盐与咸鱼、干物类的分配，是日本历史上最早的国内贸易。无论武士还是商人，从前

---

① 日语中都以"羽"来数。

都是要同时从事农业生产的。在那个时代，只有翻山越岭提供这些海产品的人，才被允许过着非农民的生活。日本商业的起源，正在于此。

只有继承了对语言的共同感觉的人，才可能在这样的 folklore 的问题上深入一步，这是因为随着时移世易，古老的东西全都消失不见了。例如，"namagusai"这一古老的形容词，在城市的标准语中只被用来表达一种令人不快的感觉，但对于众多的农村人而言，时至今日，这一词语带来的联想，却是最为开朗的。一家之主即将远行前的早餐，孩子出生或入学的日子，无论多么贫困的家庭，其主妇也要预备"namagusake"，而因为据说最好是要首尾俱全，所以往往要买来小小的沙丁鱼干。当然，我也不认为"namagusai"一词从一开始就是表达令人满意的感觉的。最早的使用者也许是佛教信徒中认为应该通过"精进"而警惕这种食物的人，但依然有不少人只是使用其外形来表达值得庆贺、值得高兴之意。相当于这一含义的固有单词已然不传，也许在此之前本就并不存在。因为可以自由地食用鱼类本就是普通状态，只是由于经济原因一部分家庭难以实现而已。如今，随着食用鱼类机会的增加，这一形容词又开始有了不同的意思。

# 七

在西洋的许多国家，似乎 folklore 还没有管辖到食物的问题。也许是认为在所有的有形文化都已彻底现代化的情况下，特别是人们关于营养的观念有了整体性变化后，从中已经难以发现所谓的古风了吧。但日本绝不能亦步亦趋。不妨说，因为其他民族已经无法实现，所以我们更要代替大家关注这一迅速消失的领域。日本的饮食风俗近来变化甚大，但保存着我们遥远父祖时代做法的事物，还在边边角角的各地相互独立地存在着，这绝不仅限于"熨斗鲍"的碎片。禁忌的感觉，也是一个显著的例子。以捕鱼或打猎为主业的人们，对于有关女性的另两种"忌"①，甚至有比死忌更为强烈的畏惧。传说人们如果吃了与这些女性同一处火烧煮的食物，则会一无所获，或是遭遇不测。因此直到最近，或是逢忌之家的男子停工休业，或是为这些女性提供另外的场所烹煮食物。"产屋（ubu ya）"一词，现在也指这一限制的期间。出生大约一个月后的婴儿才被允许带去参拜氏神的神社，孩子的母亲则在更长的时期里不得进出拜神

---

① 即因月经的"血忌"和因分娩的"产忌"。

之所。而周围的人则往往希望在尽量早的时期，与此二人共同饮食。例如，在婴儿出生的瞬间，马上做饭供神，并且形式上也为婴儿设膳，而同一锅煮出的米饭也要尽量分给多数人食用，这些人除了接生婆，只限于亲戚近邻的女性。男性加入共同的饮食中，是从满一周的"命名日"，或是更晚一些的祝贺日开始，此时孩子的母亲既不露面参加，也不接受食物的分配。产妇能重新回到普通的餐桌上，以前需要一个月，近来有缩短的倾向。有的地方在产妇回到普通餐桌进食的前一天，产妇要将近邻的孩子叫来与自己同吃一锅之饭，之后才能恢复正常的饮食。也许不用特别强调，这些都是母亲为了家庭，为了婴儿的安全，而主动固守传统的做法，并非是来自外部强加的限制。孩子也许被认为是最有生命力的存在，因此才被选来参加试验，或是担当先锋之责吧。在婴儿成长的数个阶段，他们屡屡被邀请一同进食。与产妇从隔离处回归时一样，我们都将之称为"kui（食）awase（合）"或是"kui（食）majiri（交）"①。在城市，现在的老人们当年进入小学时，也一定要在入学日自带食物，将之分给全校的孩子，这是孩子们最大的乐趣之

---

① "kui"是"吃"，而"awase"是"合到一起"，"majiri"是"进入（而成为同类）"的意思。

一。这不仅仅是一种好意，可以想象其目的是通过这种方式，与将来可能持续一生的友人形成肉体上的紧密联系。古来青年团的新年聚会上也有着共同饮食的习俗，称为"胴固（do katame）"或是"肌合（hada awase）"，现在也仍有不少地方还对此记忆犹新吧。

八

与生者之间的"食合（kui awase）"相对，也有与死者之间的"食别（kui wakare）"。现在比较普遍的习俗是，死者一旦咽气，家人就会急忙为死者做饭或"团子"，称之为"枕饭""枕团子"，其做法都故意与通常的方法相反。最后都要将这些食物带到墓地，或任野鸟啄食，或者埋于棺中。也有服丧期结束时，所有服丧者吃"饼"的风俗。有的是将"饼"盛在锅盖的背面，用菜刀切分，蘸着盐吃；有的是数名兄弟将手伸到背后拉扯"饼"并分而食之，而这两种行为都是平时人们绝不会做的。

村人对死者家的支援，热情得让人难以挑剔，但对食物上的混同，却怀着最大的警戒而避忌。为参加丧礼的来客提供丰富的食物，是古来的风习，但烹制时一定要使用别人家的厨房，与服丧的死者家人也不能有任何接触，死者家的灶台只限定在为后者制作食物时使用。经常能够听到有人因为不小心越过了这条边界，当事人突然感到头疼，或是四肢无力的情况，这被称为"忌 ni makeru（犯忌）"①。因此人们对因食物而产生的联系十分畏惧，也尽力避免。其中最为不安的，是在同一氏神之下，同一年出生的人们。他们不但不参加死者的送葬仪式，甚至不少人害怕听到葬礼那天的磬音，传说听到后就会得病甚至死亡。面对这样的危险，时至今日也有很多人要施行特定的咒术，全国范围内称之为"耳塞（mimi fusagi）"。一般是一听到死讯，相关人员就急忙开始制作特别的食物，贴在耳上，同时念道"好事传进来，坏事听不见"等。然后将这一食物扔到河里，或是弃于路口，又或是送给健康的小孩子吃掉。也有地方会多准备"饼"等食物分给近邻各家，京都周围的农村就是这样，而收到的一方则要以豆还礼，或是到河边捡来好看的小石块作为回礼。还有的将"饼"做成耳朵的形状，在相当于耳朵眼儿的地方嵌上小豆，分与邻居。此种习俗的名称全国一致，只是细节上各地略有不同。详细比较之下，其背后潜藏的心意能更加清晰。在如今家庭制度已经十分发达的情况下，这样的地方还依然保留着更早阶段的所

---

① "ni makeru"此处是因为前面的原因而产生不好的结果之意。

谓"年龄阶梯"①的感觉。人人都承认友人是社会的一大结合力，但很多国家已经没有条件去详细检验其起源及特色了。我认为，所谓食物的精神侧面，有一部分在人们的意识之外保留下来，这或许是将来日本人的 folklore 贡献于人类文化史时的一个立足点。为了结交可以相互依赖的好朋友，很少有其他民族能像日本人这样热情地相互分配食物。如果可能，我希望今后将此范围扩展到全世界，将更新更多的精神食粮，附上"noshi"，赠予我们的同志！

（昭和十三年十一月 《因伯民谈》）

---

① 即地域社会的成员超越家庭，按不同年龄形成较为紧密的集团，随着年龄的增长，如同攀登阶梯一样，由一个集团进入另一个集团的制度。

# 食制研究

一

　　全国各地关于饮食的词语，已经在我这里汇集了不少，必须要想办法加以整理了。《旅行与传说》的本次报告，一定是内容丰富且不同以往的，我本应该读完之后再阐述自己的意见，但这样一来，就又需要经历数月的混乱，所以在此还是权将自己迄今的思考发表出来，作为暂定的方案。如果大家对此不觉得索然无味，甚至能激起兴趣，则实为我幸。

　　一个民族关于饮食的习惯，最初一定是保持在同一状态，但在长久的岁月中，发生了令人惊讶的变化。对此饮食习惯从头了解并且一一记忆在心，这是任何人都难以办到的，于是分类就成为了必要。我现在心里的方案，是将其分为四大类。第一类是食品，包括每一种食物的名称、外形、制作方法、由来等。这部分总是能引起人们的兴趣，这次也应该是此类报告为数最多吧。第二类是食制，即饮食方法。说到饮食方法，似乎只有一种，就是将食物放入口中。但实际它有着种种变化，一般是限于家人内部的，有时也邀请外人或是聚餐，对于时机与场所也都有一定的规定，很多食品各自都伴随着一定的食制。所谓饮食的社会意义，主要是在此方面得到发挥，对于我这样想尽量弄清食物与其他民俗的关系的人而言，在这一方面需要留心观察的事实最多。第三、第四类分别是食材与食具。也许因为这二者古今的变化较少，如今依然是一般常识占大部分，并没有大量出现于我们收集的词语中。就食材而言，在某地完全不吃或是消费量极少、所以没有受到注意也没有相应称呼，而在另一处却较多出现时，才会作为地方词语受到我们的注意。而食具方面的情况略为不同，因为还有广大的地区尚未普及新的食物调制方法，因此古老用具的名称还基本保留着。但由于原本的使用方法并不复杂，因此词语的数量也颇为有限，没有到如果不继续分类就无法把握的地步。

# 二

这四类，大体能够对应食物研究者的立场差异，适应各自不同的目的。比如对于经济学的学人，琐碎的食品制作方法是毫无用处的。因为在个人嗜好左右人们对食材的需求之前，仅能如此，或是亦可如此的状态，几乎决定了所有的问题。只有关于食材的事实，对他们而言才有参考价值。对于希望考察女性劳动历史作用的人，食具与纺织工具有着同等的重要性。但今天所谓生活改良家们，似乎其注意力不在这上面。而在其之上的食制的变迁，目前也无法指望被纳入家政学管辖的范围，所以这一部分也许只能委托给另外的研究了。

那么其他两种，即食品与食制的种种状态，今后应该为研究哪一方面历史的人所用呢？实际上，现在关于食品的知识，颇有些驳杂，说起来丰富，可大家都是一只耳朵进一只耳朵出，只有一些不同寻常的事例，时时成为人们的话题。但我认为，只要分类方法得以确立，今后一定能产生更为细致的观察。这次的采集，我们将商品及其颇为少见的变化排除在外了。即使是限定于家家户户的手工制作，日本这样食品种类繁多，色彩、形状富于变化的情况，也是其他国家无法比拟的吧。如果说这并不依靠某一专门的指导者，而是通过对种类有限的原材料的加工与搭配，在漫长的岁月中逐步形成的话，那么其出类拔萃的生活技术，即将人生变得更加快乐、更加热闹的意图与智巧，是值得赞赏的。绝不应该只是因为其作者为无名之辈，并非能够被刻于碑文之上的知名之人，便因循守旧、对之弃而不顾。民谣、童戏，乃至农业渔业的方法、民间工艺的技术，都是如此。在对前人的功绩津津乐道的现今社会，仅仅因为是集体事业，无论怎样重要的改良也得不到应有的感谢，这全是因为不得其法。我相信这方面的研究，是一定会蓬勃兴盛的。

三

我们先祖们的食物调制技能，并非是如同文献中所记载的贵人豪门的厨师那样，只向着刺激口舌感觉的方向发展，这一点很有意义。如果将刺激口舌的感觉作为唯一的目标，那么一定会时时碰壁，不得不体味更多生存的艰辛。国家的法令当然也曾予以限制，但即使没有这样的强制，也不会有人特地去走那条注定充满失望的道路。常民始终是在其可能的范围之内，努力让饮食成为幸福的别名的。都市与田园，或是现今与往昔在生活状态上的差异，如今能够通过食品的比较，予以相当明确地把握。在农村，美味的饮食是不同寻常的大事。大规模的飨宴一生只有数次，而种种小规模的宴会一年之中也不过十来次，但人们为之倾尽全力。城市中食物的售卖变得自由，但无论食者还是制者往往都带着他人心态。与之相反，农村有着春"饼"之歌（"杵歌"）、"鲊桶"之香、酒瓮中气泡涌动之音，就连全在意料之中的快乐也永远为人们所纪念。而极为单调无趣的日常饮食，在结果上给人的感觉，似乎只是为了此时的欢喜能够更为浓郁的一种准备。

因此，我们食品的变化，当然会偏向这一方面。西部地区不知有无总称，但在关东、奥羽地区，将之称为"shina（品）gawari（变）"①或"konomi（好）mono（物）"②，又或者只是简单地称之为"toki（时）doki（时）"③。一年中只做一次的东西，还要配上一个煞有其事的名字，说起来有些奇怪，但正如味道并非特别美味时尤其重视色彩和形状一样，也许是想以不同寻常的名字来增强人们对之

---

① "与平时（其他）不一样"的意思。
② "喜欢的东西"的意思。
③ "toki"是"年节"的意思，"doki"此处为重复。与日语中表示经常的副词"tokidoki"无关。

的兴致。这么来看，所谓技术，并非只限于物质之上。比起今天最为先进的料理，我们通过这些农村食品的色形与名称，更能一窥饮食者的精神生活。以词语为标记收集事实，绝不仅仅是为了整理上的方便，还能让我们注意到前代人对于食物的期待，以及希望由此而达到的人生目标，与今日以营养为本位的观念大相径庭。在这一点上，下面将要论述的食制的沿革，与食品的变化有着表里一致、不可分割的关系。如果从两个方面分别观察，那么应该是食品方面主要考察人类的技术，而食制方面主要以促进其发展的信仰与思想为问题而展开研究吧。

## 四

令我们的食品频频分化并不断发展的机会，中古以来，在日本被称为"sechi（节）"或是"节供（sekku）"。"节"是汉语，它被引进之前日本相关的古语尚不明了，也许是冲绳或是九州南部的"折（ori）目（me）"，都意味着一年中的某种有分段意义的日子。而"供"即为饮食之意。按照古风，节日的食物首先要供奉神佛，这使得"供"的含义变窄了，其实直至今日，只要人在家中，没有不参加这一饮食的。自从出现了"五节供"这一不精确的用语，

"sechi"一词也开始限定在过年的时候，于是其他正式饮食之日便没有了总称。但如今再恢复"节供"这一名称只能带来混乱，我先暂时称之为"正式饮食"，而除此之外的平日的饮食则称为"普通饮食"吧。也许以"晴（hare）"和"亵（ke）"来区分更好。在数量繁多的食品名目中，十有八九出自正式饮食的日子，虽然近年有些家庭对其区分不甚严格，在平日也制作并食用这些食品，但从前的普通饮食，都是既种类贫乏，也没有能引人注意的名称的。

谷物的食用分为粉食与粒食两种，并相互对立，这是藤原氏①提出的假说，我在此借用他的称呼。藤原氏认为这是普通饮食上的差别，并猜想其差别的基础来自民族构成的不同，至少现在的民间事实还无法充分支持这一假说。虽然有若干例外，平日的粉食，即使是在日本东北地区也并非普遍现象。我认为其理由一是制作上需要大量劳力，二是日本的风土并不适于谷粉的储藏。即使是这两种限制已经大为弛缓的今天，粉食也依然属于节日之食，"晴"与"亵"的差别，也大体与粉粒两种食用方法相对应。正式饮食的制

①　藤原相之助（1867—1947），日本东北地区的民俗学者，持日本多元民族论。本处关于"粉食""粒食"的观点，应该出自其《米与稗》，载于《社会经济史学》1934 年 8 月。

作，要准备充足的人手，付出特别的劳力，因为人们认为这也是仪
式的一部分。总之，粉食对日本人而言，并非是后来从外部学来的
习俗。

<h1 style="text-align:center">五</h1>

　　石磨最早从何时起被用于日本的食物加工，是思考这一问题
的有力参考。藤原氏举出了显示其时代相当古老的证据，但对于
其普及状况我还有些疑虑。因为只有大米的干粉，是一定需要使
用石磨才能制作的，而这种米粉的使用，是近世以后的事。节日
粉食中最为主要的，自古以来就是"粢（shitogi）"，一般是由在水
中浸泡变软的大米经捣碎成粉制成的，供奉神佛时要以生的状态，
孩子们有时也会生吃，也许生吃才是本来的吃法。咀嚼生米的习
俗也似乎与此有关，这是完全不见于稻米之外其他谷物的利用方
法。后来这一习惯逐渐消退，大米只有蒸煮或是烤过后才能为人
食用，于是出现了一种神与人之间的断裂。但原本神与人饮食的
根源是一致的，这在今天也十分明了，向神敬献"生粢"的日子，
也是人食用"煮粢"或"蒸粢"的日子。只是后者的制作，出现了种
种的变化与改良，其名称也随之以新易旧而已。一些家庭因为大

多数情况下将人食用的东西敬献于神，于是认为"粢"是孤立的另外一种食物，但即便如此，其作为正式饮食的主要食品的地位，是从古至今未曾变过的。在石磨普及之后，所谓"nebashi biki"①的方法依然持续着，而因为必须要事先将米浸泡在水里，所以一直未能编入平日的普通饮食之中。

"饼"与"团子"这两个名称的界限，仔细想来，令人颇为意外地很不清晰。"团子"中也有蒸过后再春的，"饼"也往往有使用粳米的。而从其名称难以推测其制法的，近来也与日俱增。一般而言，将糯米蒸熟令其柔软后大力春捣直至不见米粒的是"饼"，其地位正位于粉食与粒食之间。这是开始使用今天的木槌，即男性加入劳动中之后的变化，这种方法至今也没有进入冲绳等地区。但是"mochi"一词在此之前便已存在，因此应该被看作另外的食品。按照我的想象，这些正式饮食的一般特点，是能够根据需要做成各种形状。为此，自然是用水润湿的生米粉最为方便，后世的"饼""团子"之类，说来正是在努力承接这一传统。"镜饼"及其他特殊形状的饼，在依然保持着自从"粢"的时代便已有之的约定

---

① "nebashi"应该是日本东北方言中动词"nebasu"（粘贴，紧靠）的名词形式。"biki"是"hiki"的浊音化，动词"hiku"（磨）的名词形式。在此应该是指在制作节日的"粢"时，依然采取将米浸泡后再磨的方式。

这一意义上，是我们极为重要的资料。而这当中，"团子"的情况略有不同。根据各地"o maru""dansu"等称呼来看①，做成圆形是其必要条件，我想这应该是外来宗教的要求。那么像是"团子"但又并非圆形的食物，如北信浓的"o neji"，或是讚州高松地区的"狮子驹"之类，以前都是如何称呼的呢？我认为如果不能称之为"shitogi（粢）"的话，那么除了称为"mochi"也别无他法了。用生米粉揉捏成的供品在信州被称为"o karako"②，从三河到伊势则称之为"shiroko mochi"或"shira mochi"③，依然保存了"饼（mochi）"之名。近世以后发生了巨大变化，使用木槌将糯米捣得极烂做成的"饼"，由于其美味而为大众喜爱，不但侵蚀了众多的节日供品，而且最终脱离了神祭，成为普通饮食的一部分。这是在酒及其他种种的嗜好品上也能看到的现象，它们最初都被赋予正式饮食的意义，如今都成了城市平日里售卖的商品。而在人们对之喜好并追求的内心深处，绝非仅仅只有其味道，一定还潜藏着更为高尚的联想。

---

① "maru（丸）"和"dan（团）"都有"圆形"的意思。
② "karako（谷粉）"，即用米粉或面粉制成的团子。
③ "shiro"和"shira"都是"白色"的意思。

# 六

在食品上已经花去了太多篇幅。我最后想强调的一点是，虽然所谓粒食最初只是专属于普通饮食的，但后来也有一部分转移到节日。"kowa meshi（强饭）"就是其中一种。随着后来更加简便的第二种做法①的普及，人们平日做米饭都采用了新的做法，而只有祭神之日，还要特地制作自古以来的"强饭"才能安心，于是"强饭"也便自然而然地进入正式饮食之中。此外还有各种"味饭（aji meshi）"，这是在近年制作方法进步后才进入美食行列的，原本只不过是日常饮食的一种补充。而其准备及制作比较费时费力，也是人们认为其适于"晴日"的一个原因吧。以前也有日常食物因某种理由曾供奉于神，于是在当地也成为"晴"之食品的先例而被沿袭下来。"晴""亵"的差别，也便未必与粉食、粒食这两样吃法严格对应了。但"鲊（sushi）"不能被称为粒食。"鲊"原本是鱼类的储藏方法，也是正式饮食的一种准备。而谷粒只是作为其中的材料，也可在平日食用。后来鱼与饭开始同时食用，最后出现了用醋调味的今

---

① 指水煮。第一种做法是蒸。

天所谓"早鲊(haya zushi)"①，于是不少人也把它当作了米饭的一种吃法。鱼类本是正式食物中最为主要的内容之一，"料理"一词也是因此而起，其具体方式往往成为祭神或是酒宴仪式的一个部分。蔬菜、海藻等其他副食品，与之相比，是平日的食物，但在满足一定条件后，也可以兼用"晴"的饮食。山药、萝卜等块茎类食材，在色形上便于施展技术，这一点与"粢""饼"极为相似，所以时至今日也在婚礼等祝贺宴会上烘托着正式饮食的欢乐。将这些也称为"料理"是晚近的事，其"o kazu"或"o mawari"等名称②都意味着对膳食的丰富，可以知道它们都是源自"晴日"的飨宴。"菜"的发音虽然也有"sai"，但应该还是"肴(sakana)"的"na"吧③。但日本东北地区意味着副食的"ase"一词，是"awase"④的残留，只有这个词是指我所说的"褻"的食物。

---

① 指现在这样现场制作立即食用的寿司。

② "kazu"是"数量"的意思，"mawari"是"周围"的意思，即是指在主菜之外，增加数量的食物。

③ "sakana"汉字写作"肴"，是下酒菜的意思，来自"saka(酒)"和" na(菜)"。

④ 此处是"配合"之意。

# 七

　　我们对关于食物的语汇进行收集与分类，最初的动机是对食制的兴趣，而为了研究食制，需要首先大致追溯一下食品发展变化的轨迹。为数众多的"饼""团子"及其他各种粉食品，基本都是为了特定的节日而被发明并不断改良的。其各自的形与色，以及在各地的称呼，与其说是在强调各自独立的价值，不如说是表现了我们的祖先顺应着各个时代的要求，希望食物有助于人生幸福的态度。与平日的饮食是为了抵抗饥饿相反，这些则是主动的计划，是向未知世界的进军。当然，这种情况下也有强调防御之必要的说法，如"吃了可以拔除恶鬼之舌""吃了可以斩断病患之根"等，但并非这些灾患已经来到了眼前，而是希望涵养和增强平素的力量。有时我们也会为庆祝过去的某一事业的成果而大快朵颐。而正是这种心情成为新的力量，带来下一代的繁荣，从而造就了今天的日本。其目的与近时的田园生活迥然不同，而将之揭示出来便是对我们同胞的贡献。

　　在此简要说明一下关于食制沿革语汇的分类方针。首先需要区分"晴"与"亵"的差别，考察平日饮食的方法。平常饮食的次数，

原本是朝夕两次。劳动日在其间增加的室外饮食，被称为"hiru
（昼）ma（间）"，后来饮食次数固定为一日三餐。插秧、割稻、上
簇等值得祝贺的劳动之日，或是工作量特别大的日子，休息往往伴
随着饮食。其名称以"hiru ma"为参照，有"ko（小）biru（昼）""小昼
饭（ko juhan）"，或是"hashi（端）ma（间）""ko（小）basa（夹）ma
（间）"等。这些饮食已经不在普通饮食的范围内了，因为虽然规模
较小，但都需特别准备，有时还要特地规定被称为"onari 役"的负
责人。我认为这与"朝茶子（asa chanoko）"①"夜食（ya shoku）"（夜
宵）的目的有所不同。后者是在食材质量不佳的地方，因为只凭两
餐平常的饮食无法抵御饥饿，于是将两餐尽量靠近，而在之前或之
后增加的进食机会。"hashi ma"或"ko basa ma"本是"间食"之意，
之后又出现了另外一种"aida（间）gui（食）"，等到木炭与火炉普及
之后，有财力的人开始在家中享受自由自在的火锅料理，再发展到
购买"店屋物"即饮食店做好的料理，这一过程老人们都十分熟悉，
也无须我详细介绍了。总之，日常饮食除了次数的增加，在质量上
也大为改善，两种饮食的界限变得模糊，而作为其结果，"节供"的
意义也变得不明了。

---

① 指农家在早饭前去干农活时吃的比较简易的食物。

"节供"的种类与规模，作为即将消失的资料，我希望一定要趁现在记录下来。现在算上名称中没有"节"的节日，有些地方一年之中有近五十次揉捏谷粉的机会。当然它们又可以分作两种：一种是只限同一家庭的成员与众神、祖先之灵一起共食的内部宴会；另一种是也有外部者参加的。有的地方将后者称为"人（hito）寄（yose）"①。"hito yose"也有各种类型，有在人生大事时举办的大规模酒宴，也有"日待（hi machi）""步射（busha）"②等事先约定好的成员之间互相来往的聚餐，但无论哪一种情况，与多数人一同分享主人家提供的饮食这一点是一致的。这种时候一般都会有酒，一同饮酒被称为"saka（酒）mori（盛）"，后来只有比较隆重的酒宴才使用这一名称，现在其他小规模的都被称为"ocha"（御茶）。说是"御茶"，但其饮品却绝不仅限于茶，只不过食物的种类变得明显粗陋了一些而已，三百年前，同样的内容已经能够堂堂正正地被称为"酒盛"了。总之，在列举饮食的机会时，其名称不可少，甚至可以说正因为有着各种各样的名称，才特别需要我们注意。

　　此外，还有一种各自携带食物聚餐的形式，关西地区称之为

---

①　"yose"是动词"yoseru"（"聚集，招至一处"之意）的名词形式。
②　也写作"御奉社"，地方神社旧正月的祭礼，结束后氏子在当班管理氏神的家中聚餐。

"meoi"，日本东部称之为"hiyari"，北陆地区称之为"kakusetsu"。关于其起源，我是完全不明，但这也是正式饮食之一，直至今日也与我们的生活紧密相关。如果说食材本属于各家，其目的是支持成员的生存，那么将之分与他人则是一种"结缘"，将各家的食材聚于一处同饮共食，也与桃园结义的歃血有着极为相似的意义。而正因为其意义在今天已经模糊不清，也更使我们感到生活中有着隐而不显的根本事实。

其次，要考虑的是送给本应该参加某次集体饮食，但因故未能参加的人的"送（okuri）膳（zen）"，或是正好外出不在的人的"荫（kage）膳（zen）"，又或者是像"彼岸"时的"牡丹饼"那样需要与他人彼此互赠的分配习俗。正月的"饼"实际上也是同样的情况，明明能够听到我家频频的春"饼"声，但亲戚朋友等相关者还是要送来"镜饼"。而日本东北地区佃农向地主家，或是平时的客人反过来向商人家赠送的例子，只有详细调查二者的社会关系之后才能做出更细致的说明。而事例更多的是每年赠送给老人们"嫁饼""孙饼"的习俗。这种食物用途的指定，也许与向神灵或一家的祖灵敬献同一形状的"饼"的做法在主旨上是一致的。我认为，将做成一定大小和完整形状的"饼"称为"镜"这一习俗的由来，也应该从此方面加以探讨。与此相同的习俗，在一年之中还有一次，即盆节期间以年老的父母为对象的"生（iki）见（mi）玉（tama）"。其与献给已经离世的"御（mi）魂（tama）"的食物之区别，是前者一定要添加"namakusa（荤腥）"。供奉死者的机会并不只限定于"盆供"，在下葬的时候也有食物。特定的生者在告别之际与死者共同饮食，是持续至今的服丧风习的基础。所谓"晴"的饮食，并非只限定于好事。亲戚好友之间，无论贺年还是法事，都存在食物的赠送。这在今天看来，似乎只是一种财政上的支援，而我认为，最终成为赠送对象的食物这一点，有着深远的意义。但现在就企图将这些意义全部解释清楚，不是能让人放心的方法。我们要做的只是尽量收集确切的事实，期待这些事实在他日能够回答我们的疑问而已。对于觉得面对漫无边际的一味采集实在提不起干劲的人，希望本文能够展现出那些我们也许能够从中发现的、迄今未知的前代事实之一角。


（昭和十一年一月《旅行与传说》"食制研究特辑"）

# 附录一  日本历史时代及分期①

| 历史时代 | | | 起始年代 |
|---|---|---|---|
| 原始 | 旧石器时代 | | 数十万年前—1 万年前 |
| | 绳纹时代 | | 1 万年前—公元前 3 世纪 |
| | 弥生时代 | | 公元前 3 世纪—3 世纪 |
| 古代 | 古坟时代 | | 3 世纪后半叶—6 世纪末 |
| | 飞鸟时代 | | 6 世纪末—710 年 |
| | 奈良时代 | | 710—794 年 |
| | 平安时代 | | 794—1192 年 |
| 中世 | 镰仓时代 | | 1192—1336 年 |
| | 室町时代 | 南北朝时期 | 1336—1392 年 |
| | | 战国时期 | 1467—1573 年 |

①  王京制表。明治时代以前，不包括北海道及冲绳地区。

| 历史时代 | | | 起始年代 |
|---|---|---|---|
| 近世 | 安土桃山时代 | | 1573—1603 年 |
| | 江户时代 | | 1603—1868 年 |
| 近代 | 明治时代 | | 1868—1912 年 |
| | 大正时代 | | 1912—1926 年 |
| 现代 | 昭和时代 | 昭和前期 | 1926—1945 年 |
| | | 昭和后期 | 1945—1989 年 |
| | 平成时代 | | 1989 年至今 |

# 附录二　日本古国名及其略称与都道府县对应表①

| 五畿七道② | 令制国名 | | 略称 | 都道府县 | 大区名称 |
|---|---|---|---|---|---|
| 东山道 | 陆奥 | 陆奥 | 奥州、陆州 | 青森县 | 东北地区 |
| | | 陆中 | | 岩手县（秋田县） | |
| | | 陆前 | | 宫城县 | |
| | | 磐城 | 磐州 | 福岛县 | |
| | | 岩代 | 岩州 | | |
| | 出羽 | 羽后 | 羽州 | 秋田县 | |
| | | 羽前 | | 山形县 | |
| | 下野 | | 野州 | 栃木县 | 关东地区 |
| | 上野 | | 上州 | 群马县 | |

① 王京制表。

② 五畿七道按 701 年《大宝令》，国名按 927 年《延喜式》，陆奥、出羽分割为 1868 年。

| 五畿七道 | 令制国名 | 略称 | 都道府县 | 大区名称 |
|---|---|---|---|---|
| 东山道 | 信浓 | 信州 | 长野县 | 中部地区 |
| | 飞驒 | 飞州 | 岐阜县 | |
| | 美浓 | 浓州 | | |
| | 近江 | 江州、近州 | 滋贺县(关西地区) | |
| 北陆道 | 越后 | 越州 | 新潟县 | |
| | 佐渡 | 佐州、渡州 | | |
| | 越中 | 越州 | 富山县 | |
| | 能登 | 能州 | 石川县 | |
| | 加贺 | 加州 | | |
| | 越前 | 越州 | 福井县 | |
| | 若狭 | 若州 | | |
| 东海道 | 安房 | 房州、安州 | 千叶县 | 关东地区 |
| | 上总 | 总州 | | |
| | 下总 | | | |
| | 常陆 | 常州 | 茨城县 | |
| | 武藏 | 武州 | 埼玉县 | |
| | | | 东京都 | |
| | 相模 | 相州 | 神奈川县 | |
| | 伊豆 | 豆州 | 静冈县(东京都) | 中部地区 |
| | 骏河 | 骏州 | | |
| | 远江 | 远州 | | |
| | 甲斐 | 甲州 | 山梨县 | |
| | 三河 | 三州、参州 | 爱知县 | |
| | 尾张 | 尾州 | | |

| 五畿七道 | 令制国名 | 略称 | 都道府县 | 大区名称 |
|---|---|---|---|---|
| 东海道 | 伊贺 | 伊州 | 三重县 | 关西地区 |
| | 伊势 | 势州 | | |
| | 志摩 | 志州 | | |
| 南海道 | 纪伊 | 纪州 | 和歌山县 | |
| | 淡路 | 淡州 | 兵库县 | 四国地区 |
| | 阿波 | 阿州 | 德岛县 | |
| | 土佐 | 土州 | 高知县 | |
| | 伊予 | 予州 | 爱媛县 | |
| | 讚岐 | 讚州 | 香川县 | |
| 畿内 | 大和 | 和州 | 奈良县 | 关西地区 |
| | 山城 | 山州、城州、雍州 | 京都府 | |
| | 河内 | 河州 | 大阪府 | |
| | 和泉 | 泉州 | | |
| | 摄津 | 摄州 | | |
| 山阴道 | 但马 | 但州 | 兵库县 | |
| | 丹波 | 丹州 | | |
| | 丹后 | | 京都府 | |
| | 因幡 | 因州 | 鸟取县 | 中国地区 |
| | 伯耆 | 伯州 | | |
| | 隐岐 | 隐州 | 岛根县 | |
| | 出云 | 云州 | | |
| | 石见 | 石州 | | |

| 五畿七道① | 令制国名 | 略称 | 都道府县 | 大区名称 |
|---|---|---|---|---|
| 山阳道 | 播磨 | 播州 | 兵库县(关西地区) | 中国地区 |
| | 美作 | 作州 | 冈山县 | |
| | 备前 | 备州 | | |
| | 备中 | | | |
| | 备后 | | 广岛县 | |
| | 安芸 | 芸州 | | |
| | 周防 | 防州、周州 | 山口县 | |
| | 长门 | 长州 | | |
| 西海道 | 筑前 | 筑州 | 福冈县 | 九州地区 |
| | 筑后 | | | |
| | 丰前 | 丰州 | 大分县 | |
| | 丰后 | | | |
| | 肥前 | 肥州 | 佐贺县 | |
| | 壹岐 | 壹州 | 长崎县 | |
| | 对马 | 对州 | | |
| | 肥后 | 肥州 | 熊本县 | |
| | 日向 | 日州、向州 | 宫崎县 | |
| | 大隅 | 隅州 | 鹿儿岛县 | |
| | 萨摩 | 萨州 | | |

# 译者后记

《食物与心脏》这本书，以文章的标题作为著作的名称，这很贴合柳田国男在序文中提到的，即本书的动机之一是为了纪念。开篇的同名文章，既是柳田在这一领域的开拓之作，也是他经过长时间的摸索与尝试，终于确立具有独自特色的民俗学理论的宣言。而这个题目的意义，具体而言，当然是指开篇的文章中提到的"镜饼"重叠中高的状态及饭团子的三角形，是模仿了人类心脏的形状这一假说。而从另一个角度，也可以认为以这篇文章为发端，由以后陆续成文的若干小篇汇集起来的本书，是柳田试图通过可见的"食物"，来理解日本人的"心脏"——潜藏着的心意、信仰——的过程。这一过程，实际上伴随着柳田在民俗学各个领域的工作，从这个意义来说，本书绝非只是一本研究食物的书籍，而是柳田民俗学在饮食文化中的具体体现。

那么从这本书中，我们能够看到柳田民俗学的哪些特色呢？

首先，是其对生活中各种细节的关注、敏感与学问使命感的结合。前者或许是诗人的强项，在告别诗坛之前，柳田曾是日本新体诗的先驱之一。而后者则是自大学起贯穿柳田一生的特色。有学者认为，柳田从文学青年变为农政官僚是第一次挫折，从农政官僚转向民俗学是第二次挫折。柳田的人生轨迹确实经历了这几个阶段，但我的理解稍稍积极一些，我认为不管是挫折下的无奈也好，或是本人主动的选择也好，柳田通过放弃文学或是政策的形式，终于在他自己塑造出的民俗学这个形式中，获得了最大的自由。无论是作为文学者的对生活细节的敏感、对感情细微之处的体谅、对历史的想象力，还是作为农政官僚对社会的责任感，对生活的务实态度，都在其民俗学中获得了表现的空间。柳田关注的对象，永远是极为普通的，普通到几乎没有人会特意留意，而他要论述的问题，则永远是极为宏大的，我们似乎可以从中感受到数百年甚至更为久远的历史的脉搏。

其次，柳田的理论性文章慷慨激昂、洋洋洒洒，也许大家从开篇文章的前半部分有所感受，而一旦进入具体论述，其行文又是极为细腻的。几乎所有的论述文章，都不厌其烦地列举了日本全国各地的事例。与后来一些省略了材料具体出处的文章不同，在主要完成于20世纪30年代民俗学体系确立过程中及确立之初的本书的文章中，几乎所有的事例均标明了具体的出处，其中既有历史文献、笔记俳谐，也有地方志、方言集、乡土杂志、学者著述，还有一部分直接由其弟子或是地方学者提供，当然也包括柳田本人的亲身经历。从中可以看出，每一个看似细小的问题，从注意到其意义，到收集相关资料(应该是都制成了卡片)，直至最后成文，经历了一个漫长的酝酿过程，绝非灵机一动便能一挥而就的。而柳田对收集新资料(文中称"采集")的强调，也正是出于其对既有材料几乎已经毫无遗漏的把握，但依然觉得不敷使用的实际体验。

再次，柳田民俗学的核心方法，是对民俗词汇，及其在日本全国范围内的相互关联的理解。在柳田的心目中，各地方言中除了明显的口音问题，其他都应该称之为"民俗词汇"，这是理解民俗现象意义的重要指标。而各地之间的差异，尤其是在日本全国的分布状态，成为追溯历史变迁的重要线索。就这一意义而言，每一个事例，都伴随着具体的场所，在柳田心目中的日本地图上占据一个点，无数这样的点的汇集成为有时间维度的变化过程。文中那些也许令读者觉得有些烦琐的某地、某郡、某村的说明，实际是柳田在读者面前一个点一个点地描绘在他心中已经被描绘过多次的图景。当然，这些图景并不完美，还留有许多空白，一些文章在文末号召读者加入，或是以附录的形式加以补充，也正显示了柳田对自己的学说还处于验证阶段的认识。对这种方法的优劣，自然可以探讨，但从本书的各篇文章中，相信大家可以充分体会到柳田的这种思路和方法。

柳田希望以民俗词汇为索引，来体系化地把握日本的民俗。从民俗学体系基本形成的 20 世纪 30 年代初起，柳田以自己长期积累的民俗词汇卡片为基础，出版了若干《(习俗)语汇》集，尤其在 1935 年全国性的民俗学组织"民间传承会"成立后更为集中。1940 年在本书出版之后，由于战争的各方面影响，柳田的民俗著作的出版受到较大影响。第二次世界大战后，《综合民俗语汇》(1955 年，平凡社)等优先出版，本书在序文中提到的《饮食习俗语汇》，实际上直到柳田逝去十多年后才得以问世。其他民俗著作的出版信息如下：

1932 年，《山林语汇》，大日本山林会(1935 年同《续篇》)。

1935 年，《产育习俗语汇》，爱育会。

1937 年，《分类农村语汇》，信浓教育会，《婚姻习俗语汇》《葬送习俗语汇》，民间传承会。

1938 年，《禁忌习俗语汇》，国学院大学方言研究会，《服装习俗语汇》《分类渔村语汇》，民间传承会。

1939年，《岁时习俗语汇》，《居住习俗语汇》，民间传承会。

1941年，《分类山村语汇》，信浓教育会。

1943年，《族制语汇》，日本法理研究会。


最后，柳田民俗学的最终关心在于人的内心，也许可以称之为
"集体心性"，而这往往是与信仰问题紧密相连的。柳田谈到生活，
最重要的一对概念是"晴（hare）"和"亵（ke）"，通俗一点说是"非日
常"与"日常"，不仅在时间层面上存在这一对立和相互转换，在空
间层面上亦是如此，而"晴"的状态本身就含有浓厚的信仰意义。二
者中，柳田所关心的无疑更倾向于前者。究其原因，一来就材料而
言，在民俗现象所保存的前代信息中，这一方面的内容较多；二来
柳田认为精神方面是核心，是长时期的缓慢变化，而日常的生活状
态属于表层，是短时期的较快变化，理解过去与今天的接点，以及
展望未来时，当然应该立足于长时期的核心。柳田民俗学重视信仰
层面，是诸多论者都注意到的事实，而柳田并非以信仰为终极目
标，在信仰问题的背后，实际上还有一个更具有终极意义的"幸福
感"的问题。本书中的《米之力》《幸福之木》中都涉及这个问题，某
种意义上，正因为与幸福相关，信仰问题才如此受柳田的重视。

当然，柳田民俗学的特点还有其他一些，但在理解本书的内容和意义上，上面这几点也许更为重要。具体到本书的内容，相信各位读者会有自己的理解和评价，在此就不一一展开叙述我个人的理解了。但本人出于对学术史的兴趣，觉得以下几点值得注意。

本书的各章在出版时经过了重新编排，从提出问题的《食物与心脏》，以及承接"饼"及"米"问题的《米之力》《生死与食物——写在采集记录之前》，到《关于"mono morai"》至《幸福之木》的个别研究，《"田作"与"mana 祝"》《"noshi"的起源——日本的 folklore》关于海产品与"精进"关系的论述，最后是宏观展望的《食制研究》。但如果按照文章发表或完成的顺序，应该如下：

1932 年 1 月，《食物与心脏》(《信浓教育》)

1933 年 7 月，《生死与食物——写在采集记录之前》(《旅行与传说》"诞生与葬礼特辑")

1935 年 6 月，《关于"mono morai"》(《旅行与传说》，1940 年 1月附记)

1935 年 11 月，《"午饷"与"间食"》(《高志路》，1940 年 1 月附记)

1936 年 1 月，《"饼 naorai"》(《一桥新闻》)

1936 年 1 月，《食制研究》(《旅行与传说》"食制研究特辑")

1936 年 3 月，《"酒 mori""盐 mori"》(《口承文艺》)

1936 年 6 月，《关于"身上饼"》(未发表，1940 年 1 月附记)

1937 年 1 月，《幸福之木》(《东京朝日新闻》)

1937 年 2 月，《"田作"与"mana 祝"》(《近畿民俗》)

1937 年 4 月，《"tobi"之饼、"tobi"之米》(《旅行与传说》)

1938 年 11 月，《"noshi"的起源——日本的 folklore》(《因伯民谈》)

1940 年 2 月，《序文》(未发表)

1940 年 3 月，《米之力》(《新女苑》)


从文章撰写的时期，可以看出，本文收录的文章，大体可以分为三个阶段：

第一阶段，是柳田民俗学理论体系逐步形成的阶段，大约执笔于 1931—1933 年，提出了从民俗学角度研究饮食文化的基本思路和方向(2 篇)：《食物与心脏》《生死与食物——写在采集记录之前》。

第二阶段，是柳田民俗学理论及组织体系建立的初期，大约执笔于 1935—1937 年，这一段时间对这一问题有较为集中的论述(9 篇)，形成了主要的结论。尤其是最后的《"noshi"的起源——日本的 folklore》，充分利用了《生死与食物——写在采集记录之前》《关于"mono morai"》《"田作"与"mana 祝"》等各篇的结论，又有着发展至后面《米之力》的内容，是有着承上启下意义的。

第三阶段，是准备出版本书的阶段，执笔于 1940 年年初，包括回应《食物与心脏》一篇中提出的关于私有财产及自由处分问题的《关于"身上饼"》，通过"力饼""力饭""力米"论述米具有的精神层面力量的《米之力》，本书序文等 3 篇文章，以及对早期文章《关于"mono morai"》和《"午饷"与"间食"》的 2 篇附记，充分体现了本书作为总结的定位。

而从发表文章的媒体来看，基本分为三个类型。

第一是中央民俗杂志《旅行与传说》，在本书中共有 4 篇文章发表于该杂志，时间分别为 1933、1935、1936、1937 年，其中包括两个特辑，结合上面对研究阶段的分析，可以认为该杂志是柳田论述食文化的核心阵地。该杂志创刊于 1928 年，1944 年停刊，其情况及对于日本民俗学发展的意义，本人在其他论文中已有论述，在此不再赘述。

第二是地方民俗杂志，本书中也有 4 篇，分别是长野（《信浓教育》）1932 年、新潟（《高志路》）1935 年、大阪及神户（《近畿民俗》）1937 年、鸟取（《因伯民谈》）1938 年。日本民俗学发展的一个特点是存在大量地方民俗研究者(组织)及杂志，柳田也特别注意鼓励、调动、指引其重视的问题及发展的方向。

第三是报纸及大众杂志，如《一桥新闻》《东京朝日新闻》《新女苑》等，这是柳田民俗学面对民俗学之外一般民众的重要窗口。报纸上的文章，注重选题新颖，贴近读者，言简意赅；杂志上的文章，则注重整体性，一般选择较为宏观的论述方式。

也许无论是研究阶段，还是柳田民俗学的媒体环境及柳田的具体利用方式，都可以作为理解柳田民俗学乃至日本民俗学发展史的重要课题。

当然，柳田的论述中也有并不精确的地方，比如他对汉字背后的中国文化的情况，并不十分了解，因而文中排斥中国影响或是突出与中国的差异时，多少有些为排斥而排斥的意味，也许反而因此失去了另一条接近历史的路径。这一条路径对柳田民俗学的假想能够有着怎样的修正或批评，关涉较大，本人在此也没有展开论述的积累和准备，但也许是今后值得探讨的一个问题。

本人虽然学习日语多年，也曾长期留学，以日本文化、日本民俗学为专业，但本书的翻译，依然无论在语言上还是专业上，都对我提出了诸多挑战，我也因此有了深入体会柳田学问之种种细节的机会，整个过程可以说是千辛万苦，但也受益良多。如果关心柳田国男、日本民俗学，或是日本文化的诸位读者，也能从本书得到某种收获，则实是译者之幸！最后，希望借此机会，感谢一直关心和支持本书翻译工作的我的导师福田亚细男教授，感谢促成本书出版的北京师范大学出版社，尤其宋旭景编辑。本书翻译中的不周不确，责任均在本人，也希望诸位方家能够不吝赐教！

王　京

2017 年 9 月 17 日于海淀燕园

**图书在版编目（CIP）数据**

食物与心脏／（日）柳田国男著；王京译. —北京：
北京师范大学出版社，2018.7
（柳田国男文集）
ISBN 978-7-303-23068-6

Ⅰ. ①食… Ⅱ. ①柳… ②王… Ⅲ. ①饮食-文化-日本
Ⅳ. ①①TS971. 203. 13

中国版本图书馆 CIP 数据核字（2017）第 292135 号

营 销 中 心 电 话 010-58805072　58807651
北师大出版社高等教育与学术著作分社　http://xueda. bnup. com

SHIWU YU XINZANG

出版发行：北京师范大学出版社　www.bnup.com
　　　　　北京市海淀区新街口外大街 19 号
　　　　　邮政编码：100875
印　　刷：鸿博昊天科技有限公司
经　　销：全国新华书店
开　　本：130 mm×184 mm　1/32
印　　张：8.5
字　　数：189 千字
版　　次：2018 年 7 月第 1 版
印　　次：2018 年 7 月第 1 次印刷
定　　价：49.00 元

策划编辑：宋旭景　　　　　　　责任编辑：荣　敏　王　亮
美术编辑：王齐云　　　　　　　装帧设计：周伟伟
责任校对：段立超　陈　民　　　责任印制：马　洁